VADE-MECUM

DU

COLÉOPTÉROLOGUE DÉBUTANT,

NOTES

SUR LA CHASSE ET LA CONSERVATION

DES INSECTES COLÉOPTÈRES,

ET

CATALOGUE DES COLÉOPTÈRES

DU DÉPARTEMENT DES HAUTES-ALPES,

PAR DELAPLACE FILS,

Membre des Sociétés Entomologique de France et Linnéenne de Lyon.

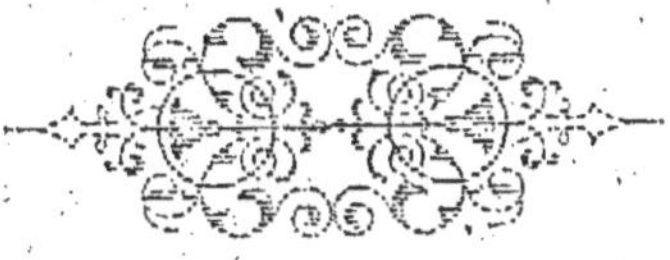

GAP,

CHEZ **DELAPLACE** PÈRE ET FILS, IMPRIMEURS-LIBRAIRES,

RUE DE PROVENCE.

1855.

VADE-MECUM

DU

COLÉOPTÉROLOGUE DÉBUTANT,

NOTES

SUR LA CHASSE ET LA CONSERVATION

DES INSECTES COLÉOPTÈRES,

ET

CATALOGUE DES COLÉOPTÈRES

DU DÉPARTEMENT DES HAUTES-ALPES,

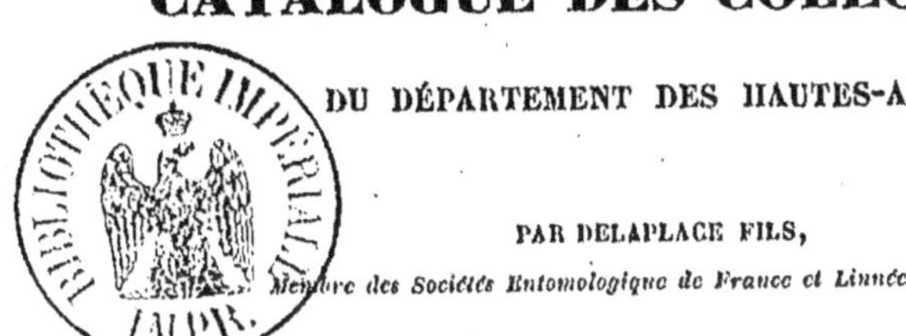

PAR DELAPLACE FILS,

Membre des Sociétés Entomologique de France et Linnéenne de Lyon.

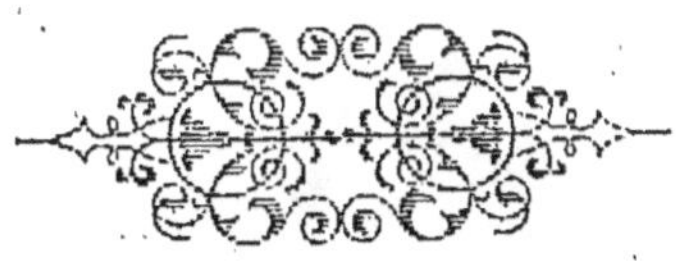

GAP,

CHEZ **DELAPLACE** PÈRE ET FILS, IMPRIMEURS-LIBRAIRES,

RUE DE PROVENCE.

—

1855.

A Mon Père,

Hommage respectueux.

C.

VADE-MECUM

DU COLÉOPTÉROLOGUE DÉBUTANT.

I. — De l'Histoire naturelle dans les Hautes-Alpes.

Le département des Hautes-Alpes, quelque pauvre qu'il soit d'ailleurs, ne laisse pas que d'être très-riche sous le rapport de l'histoire naturelle. D'où vient cependant que, malgré cette réputation de richesse si justement acquise et que lui ont faite au loin les savants naturalistes qui, à différentes époques et à plusieurs reprises, sont venus explorer ses montagnes et ses vallées, d'où vient, dis-je, que le goût de l'histoire naturelle n'est pas plus répandu dans ce pays ? D'où vient que cette étude si attrayante pour la jeunesse d'autres départements, compte parmi nous si peu d'amateurs ? — C'est que les moyens d'instruction manquent complétement. Le département des Hautes-Alpes ne possède pas de muséum ; les bibliothèques publiques sont presque dépourvues d'ouvrages d'histoire naturelle, ou du moins n'ont, sur cette matière, que des traités généraux ou élémentaires bien insuffisants et généralement anciens.

Au commencement de ce siècle, on tenta, il est vrai, de créer à Gap un musée. A cette fin, et dans le bâtiment servant autrefois de séminaire diocésain, furent réunis des minéraux, un herbier, des oiseaux, quelques quadrupèdes, etc. Mais, quelques années plus tard, l'édifice, par ordre supérieur, étant rendu à sa destination primitive, faute de local, ce musée à peine créé cessa d'exister. Il ne nous en reste qu'une collection minéralogique assez riche déposée à l'hôtel de la préfecture, mais qui n'est connue que de fort peu de personnes.

Peut-être serait-il possible, moyennant quelques faibles dépenses d'installation et d'entretien (1), de convertir cette salle de minéralogie en un cabinet d'histoire naturelle? Mais le local d'une préfecture est-il bien convenable pour un établissement de ce genre? Un muséum ne me semble remplir le but de son institution qu'autant qu'il est public, qu'il est un lieu de concours; qu'autant que l'amateur qui débute est libre d'y aller journellement confronter les espèces qu'il possède avec les types classés des collections départementales, avec ces jalons destinés à lui aplanir les difficultés rebutantes des premières analyses ou à lui confirmer l'exactitude de ses dénominations; et enfin qu'autant que la masse de ses matériaux, frappant l'attention du visiteur le plus indifférent, puisse l'intéresser et faire naître chez lui le goût des sciences naturelles.

Un cabinet public d'histoire naturelle est appelé à vulgariser dans un pays la connaissance des couches minérales qui forment son sol, des végétaux qui le couvrent, des animaux, soit vivants, soit fossiles, qui l'ont habité ou qui l'habitent. Or, comment pourra-t-il remplir ce but, si ces mille et mille détails ne sont mis à la disposition que de quelques personnes privilégiées?

À défaut de muséum départemental et d'ouvrages spéciaux dans les bibliothèques publiques où abondent plutôt des ouvrages littéraires que des traités scientifiques, le meilleur moyen de dissiper l'ignorance qui règne dans notre pays sur tout ce qui a rapport à son histoire naturelle, d'y propager le goût de cette étude dont les éléments se rencontrent à chaque pas, et dont le moindre avantage est de garantir la jeunesse du désœuvrement et de l'oisiveté, de procurer à l'âge mûr, après un pénible labeur, un délassement utile et agréable, et, en un mot, d'ajouter de l'intérêt à nos promenades et du charme à nos voyages, serait, ce me semble, de faire exactement connaître ce pays tant vanté par les naturalistes étrangers qui viennent, chaque année, s'enrichir de nos richesses alpines, d'en dévoiler, dans une statistique aussi complète que possible, la merveilleuse fécondité.

C'est donc une petite partie de cette tâche, dont je n'avais pas d'abord prévu toutes les difficultés, que j'essaye de remplir aujourd'hui en publiant le *Catalogue des Coléoptères des Hautes-Alpes*. Cette tentative est téméraire de

---

(1) Il est certain que plusieurs naturalistes des Hautes-Alpes qui possèdent déjà d'assez belles collections de plantes, d'oiseaux, d'insectes, etc., se feraient un plaisir de les donner au département, si celui-ci venait à créer à Gap un cabinet d'histoire naturelle.

ma part : mais, pour la mener à bonne fin, je compte sur le concours bien-
veillant que promet de me continuer un collègue zélé et infatigable que j'aurai maintefois l'occasion de citer.

J'avoue sans peine aussi que ce travail, qui n'est qu'un premier essai, renferme plus d'une imperfection, qu'on y remarquera de nombreuses omissions.
Eh ! qui jamais a eu la prétention d'atteindre tout d'abord au parfait ? Et puis
ne reste-t-il pas toujours beaucoup à apprendre, beaucoup à découvrir ? La
science ne vit-elle pas des découvertes, des inventions de chaque jour ? Je
veux dire par là que plus tard, quand notre pays aura été mieux exploré,
j'aurai à rectifier les erreurs commises dans cette première statistique, et
que je la compléterai en publiant, sous forme de supplément, toutes les
espèces qui ne s'y trouveront pas mentionnées.

Je ne pense pas qu'on trouve hors d'à-propos d'avoir fait précéder
ce catalogue de quelques notes sur la chasse des coléoptères, sur les
procédés de préparation et de conservation des collections ; ce sont tout autant de renseignements indispensables, que ne donnent généralement pas,
et à tort, les faunes entomologiques dont nous nous servons pour classer les
insectes récoltés. Puissent-elles, ces notes que je n'avais d'abord réunies,
compilées que pour mon usage personnel, intéresser encore quelques autres
personnes ? Comme aussi trop heureux serais-je, si cet opuscule contribuait,
pour si peu que ce fût, à propager dans notre département le goût de l'entomologie, et à faire connaître davantage tout ce qu'il y a de parfait et d'admirable dans la contexture et la manière de vivre du plus petit insecte que
Dieu a appelé à l'existence. — Enfin mon intention a été d'être utile au
jeune débutant en coléoptérologie, en lui facilitant ses recherches : que ce me
soit un titre à son indulgence pour excuser tout ce que cet opuscule laissera
à désirer.

II. — Quelques mots sur la Coléoptérologie.

On désigne sous le nom d'INSECTES (*insectum*, εντομον) tous les animaux
articulés dont le corps présente à l'extérieur deux segments ou étranglements
transversaux qui le divisent en trois parties principales et distinctes : une
tête, un thorax ou corselet et un abdomen. Ce qui caractérise encore nette-
ment la classe des insectes, c'est qu'ils sont toujours munis de trois paires
de pattes.

La classe des insectes est très-nombreuse ; elle est divisée en onze ordres
principaux.

Les trois premiers ordres ne renferment que des insectes aptères, c'est-à-
dire privés d'ailes ; ce sont :

1° les Thysanoures : *Hartes, Podures* ;

2° les Parasites : *Poux ;*

3° les Suceurs : *Puces.*

Les insectes des autres ordres ont tous au moins une paire d'ailes; ce sont :

4° les Coléoptères (κολευσ, étui ; πτερον, aile) : *Hannetons, Cantharides:*

5° les Orthoptères (ορθοσ, droit) : *Perce-oreilles, Grillons, Sauterelles;*

6° les Névroptères (νευρον, nerf) : *Libellules, Éphémères, Fourmis-lions;*

7° les Hyménoptères (υμην, membrane) : *Abeilles, Ichneumons, Fourmis;*

8° les Hémiptères (ημις, demi) : *Punaises, Cigales, Fulgores;*

9° les Lépidoptères (λεπισ, écaille) : *Papillons, Sphinx, Bombyx;*

10° les Rhipiptères (ριπισ, éventail) : *Xenos, Stylops;*

11° et les Diptères (δισ, deux) : *Mouches, Cousins, Taons.*

Ces 8 derniers ordres sont basés, d'abord, comme l'indique la terminaison uniforme de leurs noms *ptères* (πτερον), sur l'absence ou l'existence des ailes, leur nombre et leur structure, et ensuite sur la forme de leur appareil buccal, leurs métamorphoses, etc. Le premier ordre de cette deuxième série aura seul le privilége de fixer notre attention.

Les Coléoptères ont deux paires d'ailes : les deux ailes supérieures, dures et coriaces, nommées *élytres*, servent d'enveloppe, de gaîne, d'*étui* aux deux ailes inférieures qui sont membraneuses, transparentes et repliées en travers.

Les Coléoptères subissent deux métamorphoses, c'est-à-dire passent, pendant leur vie, sous trois formes ou trois états bien différents :

Le premier est celui de *larve :*

La larve naît de l'œuf; c'est sous cet état vermiforme que l'insecte passe la plus grande partie de son existence. Les larves sont formées de 12 à 13 segments annulaires et sont munies de trois paires de pattes écailleuses ou tout au moins de mamelons tuberculeux rétractiles, situés sous les trois premiers anneaux. Les larves sont très-voraces, et acquièrent chaque jour de la croissance. Elles changent plusieurs fois de peau ; arrivées à leur complet développement, elles se cherchent ou se préparent, avec un sentiment admirable de conservation, un abri sûr pour subir leur première métamorphose.

Le deuxième état est celui de *nymphe :*

A l'état de nymphe, les insectes cessent de croître et de prendre toute nourriture; ils sont complétement inactifs, immobiles; une mince pellicule blanchâtre protége leur sommeil léthargique et tient comme emmaillotées toutes les parties de leur corps. Les nymphes ne diffèrent généralement de l'insecte parfait que par les ailes qui sont raccourcies, entr'ouvertes, ou bien qui ne sont pas développées ou qui manquent complétement.

Le troisième état est celui *d'insecte parfait :*

Après un temps plus ou moins long, les coléoptères se préparent à subir leur dernière transformation, se dégagent du linceul qui les enveloppait, passent à une vie plus glorieuse, et deviennent insectes parfaits. C'est la dernière période de leur existence; ils jouissent alors de tout leur développement, de l'élégance de leur forme, de la richesse de leur parure. C'est à cet état que les insectes se reproduisent, ils meurent bientôt après. La plupart des amateurs ne recueillent que les insectes parfaits.

Le corps des Coléoptères parvenus à l'état d'*insectes parfaits*, quoique très-variable dans ses formes, est toujours formé de trois parties bien distinctes, séparées entre elles par deux étranglements transversaux : La tête, le thorax et l'abdomen. Examinons séparément chacune de ces parties :

1° La tête : les principales pièces dont elle se compose, sont :

1° L'*épistôme* ou *chaperon*, partie antérieure de la tête, servant d'attache au *labre*, séparée du front par une impression linéaire transversale désignée sous le nom de *suture frontale*. La partie postérieure du chaperon est appelée *postépistôme*.

2° Le *front*, situé entre les yeux, le postépistôme et le vertex.

3° Le *vertex*, limité en avant par le front, en arrière par l'*occiput*, sur les côtés par les *joues* et par les *tempes*.

4° Les *yeux*. Situés sur les côtés du front, ils sont presque toujours composés, c'est-à-dire formés de facettes hexagones, réunies quelquefois en très-grand nombre. Les yeux lisses ou simples ne se rencontrent que dans un très-petit nombre de coléoptères et sont toujours placés sur le vertex.

5° Les *antennes*, vulgairement *cornes*, toujours au nombre de deux, appendices ou filets mobiles ordinairement composés de 11 articulations, variant beaucoup de forme, de grosseur et longueur, et insérés soit sous l'épistôme, soit sur les côtés de la tête, au-devant des yeux.

6° La *bouche* qui est composée de quatre parties principales...

    1° Le *labre* ou lèvre supérieure, petite plaque située au-dessus des mandibules, quelquefois entre elles, s'articulant avec le bord antérieur de l'épistôme par un ligament étroit qui lui permet un léger mouvement de bas en haut et d'arrière en avant.

    2° les *mandibules*, au nombre de deux, placées horizontalement, fortes et cornées, recouvertes par le labre et l'épistôme, ordinairement dentelées au côté interne, et servant à saisir ou à triturer la nourriture.

    3° Les *mâchoires*, aussi au nombre de deux, moins dures que les mandibules, placées en-dessous d'elles, et portant chacune un ou deux palpes, petits appendices linéaires, formés le plus souvent de 3 à 4 articulations, et nommés *palpes maxillaires*.

    4° Et la *lèvre inférieure*, opposée au labre, petite pièce transversale, mobile, fermant inférieurement la bouche. Elle porte toujours sur sa partie dorsale deux palpes nommées *labiaux*. La lèvre se compose...

        1° du *menton*.
        2° de la *languette*, placée en devant et au-dessus du menton.

2° Le thorax :

1° Sa face supérieure ou *corselet* ne forme qu'une seule pièce ; c'est cette grande plaque qui s'étend entre la partie postérieure de la tête et la naissance des élytres.

2° Sa face inférieure ou *poitrine* est formée de trois pièces :

    1° Le *prothorax* ou *antepectus*, premier segment du thorax, du côté de la tête, portant la première paire de *pattes*, dites *antérieures*.

    2° Le *mésothorax* ou *medipectus*, second segment du thorax, donnant attache à la première paire d'ailes ou élytres et à une paire de pattes dites *intermédiaires*. — Le mésothorax offre le plus souvent, à la surface supérieure du corps, une très-petite pièce triangulaire nommée *écusson*, placée entre le bord postérieur du corselet et la partie supérieure de la suture des élytres.

    3° Le *métathorax* ou *postpectus*, troisième et dernier segment du thorax, entièrement caché en-dessus par les ailes, et donnant attache à la deuxième paire d'ailes inférieures, et à la troisième paire de pattes dites *postérieures*. Les pattes se composent de cinq parties...

        la *hanche*.
        le *trochanter*.
        la *cuisse*.
        la *jambe*.
        le *tarse*.

3° L'abdomen.

C'est cette partie postérieure du corps prise en partant du postpectus, et composée d'une suite de segments ou anneaux emboîtés les uns dans les autres, mobiles, formant un corps allongé, aplati sur les bords, renflé au milieu, et qui diminue peu à peu de diamètre. Le dernier segment ou *pygidium* recouvre presque toujours l'*anus*, ouverture qui sert à rejeter les excréments, et à laisser sortir les organes sexuels des mâles et les œufs des femelles.

Cet ordre dont je n'ai pu donner, dans les deux tableaux qui précèdent, qu'une description très-succincte, est très-nombreux en espèces; c'est celui qui a le privilége d'arrêter plus particulièrement l'attention des entomologistes.

Les insectes des autres ordres, quoique souvent fort intéressants, fort singuliers, sont généralement peu étudiés : la fragilité ou la rareté des uns, la crainte que nous inspire les autres, la physionomie souvent hideuse de ceux-ci, l'odeur désagréable de ceux-là, sont les raisons qu'on peut alléguer pour excuser une telle négligence.

Les Coléoptères qui , au contraire, obtiennent notre choix exclusif, sont abondamment répandus sur tout le globe; on les saisit facilement et sans crainte d'en être blessé; la consistance solide de leurs téguments permet de les manier et de les piquer sans les briser; leur dessiccation des plus aisées, fait qu'on les conserve dans des cadres peu spacieux, avec leurs formes et leurs couleurs qui, variées à l'infini, charment l'œil le moins exercé à observer les nuances caractéristiques des genres et des espèces.

Et d'ailleurs, il n'est pas un de ces insectes que nous foulons tous les jours aux pieds, dont l'industrie ne paraisse admirable à qui sait le moins admirer, et dont la manière de vivre ne nous révèle la constante sollicitude de la Providence jusque sur les plus obscurs des êtres; presque tous ont reçu une destination utile dans l'économie de la nature :

Les uns débarrassent le sol des détritus végétaux dont ils se nourrissent, ou dont ils hâtent la décomposition en projetant sur eux, par la bouche ou par l'anus, une liqueur âcre et corrosive; — d'autres ont pour mission d'enfouir, quelquefois jusqu'à une profondeur de 60 à 80 centimètres, les cadavres putréfiés de petits animaux, tels que rats, souris, taupes; de faire disparaître les dernières traces des charognes que les oiseaux de proie n'ont déchiquetées qu'à demi; de dévorer et de diviser les matières fécales ou corrompues dont les miasmes délétères empesteraient l'air, et auxquelles les animaux d'un ordre plus relevé ne toucheraient pas.

Ceux-ci, ennemis de l'homme, exercent à son détriment des dégâts, terribles à certaines époques, en effeuillant les bois, les vergers, ou en endommageant les céréales, les fruits et autres productions employées aux usages de la vie; — ceux-là ne s'attaquent qu'aux végétaux vivants ou malades, souvent aux mauvaises herbes qui pullulent dans les champs; réduisent en poussière les vieilles souches des forêts délaissées par le bûcheron, et les convertissent en un humus fertile; « car ainsi le veut la nature, tout être mort doit être détruit, et de la mort doit sortir la vie (M. Ed. Perris). »

Beaucoup de coléoptères sont carnassiers et délivrent l'agriculture des insectes herbivores ou phytophages qui se disputent ses produits, et qui, trop multipliés, finiraient par dépouiller complétement la terre. Et cependant l'homme, par ignorance, détruit avec acharnement ces aides précieux, comme il tue impitoyablement le hibou, la chauve-souris et tous autres insectivores.

Tant il est vrai qu'il règne dans les choses créées un équilibre merveilleux auquel tout coopère, jusqu'à cette myriade de petits êtres que l'amateur a le tort de s'attacher plutôt à collectionner qu'à observer, et qui cependant ont tous leur manière de vivre et leur but dans la nature.

« Admirables dispositions de la toute-puissance créatrice qui, après avoir placé les mondes dans une dépendance réciproque, de telle sorte que chacun assure et garantit l'harmonie de l'ensemble, a établi aussi, entre les différents produits de la création, minéraux, plantes, animaux, des relations si nécessaires, des dépendances si intimes, qu'ils concourent tous à la conservation de son œuvre ! (M. Edouard PERRIS.) »

Il n'est pas possible, dans un recueil de quelques pages, de parler des ruses auxquelles les coléoptères ont recours pour se procurer leur nourriture, pour se saisir des insectes qui doivent être leur proie, de leurs industries pour se mettre à l'abri des intempéries des saisons ou des attaques de leurs ennemis, des précautions qu'ils prennent pour assurer la conservation de leurs œufs et de leur lignée, etc., quoique ce soit cependant là tout autant de traits merveilleux, d'artifices pour ainsi dire, sur lesquels on ne saurait réunir trop d'observations. Je me hâte de revenir à mon sujet, en exposant quelles sont les ressources que le département des Hautes-Alpes offre à ceux qui s'occupent d'entomologie.

II. — De la Coléoptérologie dans les Hautes-Alpes.

Le département des Hautes-Alpes, je l'ai dit dès le début, est regardé comme une contrée privilégiée pour la science des fleurs ; les modifications infinies de son climat, la diversité d'expositions et de natures du sol, impriment à la végétation un caractère de variété bien remarquable, qui a toujours fixé l'attention des savants botanistes de France et de l'étranger. Je voudrais pouvoir ajouter que sa faune entomologique est en rapport avec sa flore ; mais, contrairement aux observations faites partout ailleurs (1), autant celle-ci est riche, autant celle-là est pauvre. En effet, sans sortir des Hautes-Alpes, on peut recueillir plus de trois mille plantes, tandis qu'on ne saurait y rencontrer, je crois, plus de 1,600 espèces de coléoptères.

Cependant ce département, vu de loin, apparaît à l'entomologiste comme une terre promise où il doit s'enrichir d'innombrables espèces rares et précieuses. Tout semble dans ce pays sourire à l'amateur. Quoi de plus beau que ces montagnes pastorales, que ces pelouses alpines aux mois de juillet

---

(1) « La profusion de richesses végétales explique tout naturellement celle des insectes ; car la botanique et l'entomologie se tiennent par la main : où l'une est pauvre, l'autre ne saurait être riche. (H. DONZEL.) »

et d'août, alors que chaque fleur se pare de ses plus vives couleurs, et exhale ses plus suaves parfums! Quoi de plus favorable à l'entomophile que ces futaies de résineux qui, sur quelques points, sont parvenues à échapper à la fureur du déboisement, et que la dent dévastatrice des troupeaux est de nos jours forcée de respecter, forêts qui, sous un ciel mieux favorisé que le nôtre, ne laisseraient pas que d'être le gîte d'une quantité innombrable de Longicornes et autres coléoptères xilophages! Quoi de plus propice enfin pour la chasse que ces profondes et riantes vallées, que ces vastes terres couvertes de vergers, de vignobles et de magnifiques cultures, et sillonnées par des canaux, par de nombreux et limpides cours d'eau! Il est vrai qu'à côté de ces sites enchanteurs, de ces positions si accidentées, se trouve le spectacle de la désolation : de vastes glaciers, des rocs nus et décharnés, des pentes déboisées, des coteaux arides, des terrains déchirés et ravinés, des torrents impétueux, des plaines couvertes de sable et de gravier, ou souffrant de sécheresse. Mais le voisinage de ces aspects, si sombres et si tristes qu'ils soient, ne peuvent nous donner la raison de la pauvreté entomologique des localités si bien exposées dont j'ai d'abord parlé.

La faute n'en est pas mieux à la rigueur de notre climat. Les montagnes de la Suisse, dont la Faune entomologique est des plus renommées, sont tout aussi élevées que nos pics les plus ardus, et il n'en est aucune, voire même le mont Blanc, qui ne renferme une masse d'insectes rares, qui ne vivent que là et qui bravent impunément les longs jours d'hiver de ces régions perdues. Et d'ailleurs, est-il nécessaire d'aller chercher si loin un point de comparaison? L'arrondissement de Briançon, la partie la plus froide et la plus élevée du département des Hautes-Alpes, est le moins dépourvu de coléoptères.

Si notre département est pauvre en insectes, il faut l'attribuer, je crois :

1° A la nature de la formation géologique du sol;

La question géologique n'a pas encore été traitée par les coléoptérologues comme elle mérite de l'être. Elle a pourtant la plus grande importance. Je n'aurai pas la témérité de chercher à en parler; mais il est certain que la quasi-richesse entomologique des vallées d'Abriès, d'Aiguilles, de Cervières, des montagnes de Boscodon, de Morgon, de Bayard, de Durbon, de Montmaur, et la désolante pauvreté des pelouses du Lautaret, des montagnes de Vars, des vallées de l'Argentière, de Savines, de Chorges, d'une partie de celle de Gap, doivent être uniquement attribuées aux diverses formations géologiques du sol de ces localités.

2° Et surtout à la fréquence des vents, aux caprices et aux bizarreries de la température;

Le printemps est presque toujours ou pluvieux ou neigeux, dans le département des Hautes-Alpes ; ou tout au moins il lui amène un vent d'est violent, précurseur de fortes gelées. Ces phénomènes météorologiques détruisent une masse d'insectes, qui, trompés par quelques chaudes journées de février, se sont trop pressés de quitter leurs quartiers d'hiver.

A peine le soleil fait-il enfin pressentir les beaux jours de l'été, que la terre et les parties végétales jeunes encores, où vivent les larves, frappées de sécheresse et durcies au souffle impétueux du vent du nord (fréquent en été), opposent aux insectes, sur le point d'éclore, une résistance inattendue. En vain, cherchent-ils à renverser les obstacles qui leur cachent la lumière, leurs efforts se brisent contre leur compacité; ils finissent par succomber, épuisés de peine et de fatigue.

Que ce modeste chiffre approximatif de 1600 espèces (1) ne décourage pourtant pas celui qui débute ! Le département des Hautes-Alpes n'a été, jusqu'ici, que très-sommairement exploré, et il est certain que sa faune s'enrichira de quantité d'espèces rares ou nouvelles, que l'on n'y a pas encore découvertes. C'est particulièrement dans les cantons de Laragne, de Ribiers et d'Orpierre, dont la végétation a de grands rapports avec celle de la basse Provence, que les entomophiles, libres de leur temps, devront diriger leurs recherches ; si ces lieux n'étaient pas si éloignés de Gap, je ne laisserais pas à un autre le soin de les explorer.

Les vallées du Dévoluy, du Valgodemard, de Vallouise et une partie de celle du Champsaur, sont des localités encore vierges qui mériteraient également d'être visitées avec soin par de courageux et consciencieux amateurs.

Celles du Lautaret, du mont Genèvre, du Queyras, de Névache sont mieux connues ; néanmoins leurs nombreux contours ont pu nous dérober jusqu'ici quelques coins favorablement situés pour les coléoptères et qui seraient de riches mines à exploiter ; à d'autres, le soin de les découvrir ; je recevrai avec reconnaissance les notes que mes collègues en entomologie voudront bien m'adresser concernant la faune de ces localités.

NOTES

SUR LA CHASSE ET LA CONSERVATION

DES INSECTES COLÉOPTÈRES.

1. — Instruments de chasse.

Avant de se mettre en route, l'entomologiste doit se munir de différents instruments propres à faciliter ses recherches, et qui tous se portent dans une gibecière :

1° La *chape*, *filet* ou *capuchon* est de toute première nécessité. C'est un cercle de fil de fer (de 4 à 5 millimètres d'épaisseur, de 28 à 32 centimètres

---

(1) Les microcoléoptères ne figurent pas dans ce chiffre. Ils n'ont pas encore été suffisamment étudiés pour qu'on puisse en évaluer le nombre, même approximativement.

d'ouverture ou de diamètre), qui, au repos, se replie sur lui-même en demi-cercle, pour être moins embarrassant, et que l'on adapte, au moyen d'un talon à vis, à l'extrémité d'une canne ou d'un bâton léger. Ce cercle est garni d'un canevas ou treillis de soie (mieux vaut encore de fil), à mailles très-serrées, formant une poche ou sac de 60 à 65 centimètres de profondeur, dont le fond est arrondi. Plus le filet est grand, plus il est avantageux.

On appelle *filocher* ou *faucher*, promener rapidement, violemment le capuchon dans les prairies et autres lieux couverts d'herbe épaisse, battre avec son cercle de fer le pied ou la tige des plantes de manière à faire tomber dans le sac les insectes qui sont attachés aux feuilles ou aux fleurs. L'ouverture du capuchon doit être légèrement inclinée du côté du ciel, la poche étant à droite quand la battue se fait à gauche, et réciproquement. De la bonne direction du capuchon et de la violence de l'attaque dépend tout le succès. — La battue faite dans les bois, sous le feuillage des arbres, peut également donner des résultats assez satisfaisants; dans ce cas, l'attaque doit se produire non plus de droite à gauche, mais bien de bas en haut, le cercle du capuchon étant tenu horizontalement.

2° Le *troubleau* est plus petit que le capuchon ; son ouverture forme un triangle dont chaque côté a 18 à 20 centimètres et dont un des angles se monte, au moyen d'un talon à vis, sur le même bâton ou sur la même canne que le capuchon. Le sac du troubleau n'a que 30 à 35 centimètres de profondeur ; il est fait avec de la toile claire. Le troubleau sert à pêcher les insectes aquatiques ; son triangle de fer doit être assez solide pour soutenir les efforts de la main du chasseur, et pour résister aux obstacles qu'il rencontre dans les marais, les mares, les ruisseaux dont le fond vaseux est couvert de plantes aquatiques ou de débris végétaux.

Les capuchons dont les montures sont faites avec des lames de fleurets forgées, présentent beaucoup plus de solidité, et peuvent remplacer au besoin le troubleau dont ne s'embarrasse, en partant, que quand on connaît déjà les localités qu'on va explorer et qu'on est sûr d'avance d'y rencontrer des marécages riches en insectes.

3° Le *coin* et la *hàche* sont deux instruments destinés à diviser le bois mort, à dépouiller de leurs écorces les bois malades, à mettre à jour les galeries creusées par les larves dans les couches ligneuses. Avec la hache ou avec le coin on peut se procurer cette masse d'insectes lignivores qui perforent les troncs des arbres et les endommagent souvent d'une manière considérable, qui minent et réduisent en poussière les vieilles souches inutiles que la cognée du bûcheron a dédaignées. Beaucoup de Longicornes (surtout les grosses espèces) qui fuient le jour, seraient très-rares dans les collections si l'on n'avait la patience de les rechercher dans leurs retraites ligneuses.

La hache est d'un côté terminée par un fer élargi et tranchant, de l'autre par une très-forte pointe quadrangulaire et acérée, légèrement cintrée.

Le coin est un épais ciseau recourbé, qui embarrasse moins que la hache, mais qui n'est pas aussi commode. Le coin peut également servir de *déplantoir* à ceux qui s'occupent à la fois de botanique et d'entomologie.

Quelques amateurs, qui trouvent la hache et le coin trop lourds et trop gênants dans les courses, se contentent d'une canne dont la poignée a la forme d'une petite hache, et dont le bout est une douille de fer sur laquelle s'adaptent alternativement 1° le capuchon ou le troubleau, 2° un croc en fer pour secouer les branches d'arbre que l'on ne peut atteindre avec la main, 3° et une forte pointe d'acier pour consolider le pied dans les passages difficiles et dangereux.

4° La *nappe* (en toile ou en calicot, d'un mètre et demi à deux mètres) joue un grand rôle dans les chasses entomologiques; je vais sommairement indiquer quelques-uns de ses usages : 1° On étend la nappe au pied des buissons, des arbres couronnés de fleurs ; on secoue ensuite violemment, avec le manche du capuchon, les branches, les rameaux, les ramilles d'où tombent en quantité des insectes qu'il faut saisir de suite, de crainte qu'ils ne prennent leur vol. De la vigueur de la secousse dépend encore dans ce cas la réussite. — 2° Les mares qui sont réchauffées par les rayons du soleil, et dont les bords sont couverts de plantes aquatiques, de joncs couchés, de détritus végétaux, promettent au chasseur une masse de petits coléoptères. On étend la nappe sur le sol, au bord de l'eau stagnante ; on enlève, aussi près de la vase que possible, une certaine masse de ces débris marécageux, qu'on jette sur la nappe ; on prend ensuite celle-ci par les quatre bouts et on l'agite vigoureusement de manière à faire descendre les insectes au fond du sac ainsi formé; on pose de nouveau la nappe à terre et on jette, poignée par poignée, après l'avoir encore un peu secouée entre les doigts, la masse des gros détritus que le ballottement a fait remonter en dessus. Il ne reste plus qu'un poussier humide qu'on renferme dans un sac de toile dense. Arrivé chez soi, on étend, pincée par pincée, ces débris sur des feuilles de papier, de manière à les visiter plus attentivement qu'on n'aurait pu le faire sur place. — 3° On enlève avec agilité les bouses que l'on veut fouiller et on les jette sur la nappe. Par ce moyen on se procure une masse de très-petits Staphylins, Lamellicornes et Sylphales qui, doués d'un instinct merveilleux, s'enfouissent au moment du danger et échappent ordinairement ainsi aux recherches les plus minutieuses. — 4° Enfin, sur la nappe étendue, on brise les débris d'arbres vermoulus et les bolets que l'on rencontre ; on râcle, à l'automne, les mousses et les lichens qui sont sur les arbres ; on bat à coups redoublés les fagots de bois mort que l'on relève ensuite aussi doucement que possible. Avec la nappe, rien n'échappe.

La chasse à la nappe est peu connue de l'entomologiste du midi ; introduite dans notre pays, elle amènera la découverte de beaucoup de microcoléoptères qui jusqu'ici ont échappé à toutes les investigations.

L'entomologiste lyonnais se sert quelquefois pour la battue des buissons, au lieu d'une nappe, d'un énorme parapluie recouvert d'une étoffe blanche. C'est original, mais fort peu commode.

5° Les *bruxelles* sont de petites pinces en acier dont les pointes longues et minces sont aplaties et crénelées à l'intérieur; on s'en sert pour enfoncer dans le liége les épingles trop flexibles, et pour saisir les insectes dans les cadavres et les matières fécales.

6° Une petite *boîte* de bois remplie de mousse est quelquefois nécessaire dans les courses entomologiques ; on y enferme les nymphes trouvées dans les bois vermoulus, les champignons, etc. Il faut avoir soin de rapporter, avec la nymphe, une petite partie de l'objet qui l'entoure et qui lui sert de linceul. Arrivé chez soi, on enferme le tout dans un bocal recouvert d'un canevas ou d'une toile métallique, et on l'expose dans un lieu aéré, chaud et pas trop sec, jusqu'au jour de la métamorphose des insectes. — La nymphe se dessécherait et périrait, sans arriver à terme, si elle était extraite de son linceul et abandonnée seule dans le bocal.

7° Un entomologiste tant soit peu zélé, même dans ses promenades qui n'ont pas pour but la chasse des insectes, doit toujours être muni d'une petite boîte ou d'une fiole qui lui permette de recueillir ce qu'un heureux hasard peut, même en hiver, lui faire tomber sous la main.

II. — Préparation.

1° Quelques amateurs piquent les coléoptères sur place, au fur et à mesure qu'ils les trouvent, et les fixent ensuite solidement, avec des bruxelles, dans une boîte de fer-blanc qu'ils portent en bandoulière, et dont le fond de liége s'enlève à volonté au moyen de quatre petits écrous qui le retiennent par les quatre angles et qui sont soudés sur le fer-blanc. Au retour de la chasse, leur premier soin est de tuer les insectes qui se trouvent encore vivants, et voici de quelle manière ils opèrent : ils démontent la planche de liége sur laquelle les insectes sont piqués, ils posent sur elle un petit godet plein d'éther et ils la placent sur une grande assiette pleine d'eau ; puis ils couvrent cette même planche de liége qui surnage, d'une cloche de verre dont la base plonge dans l'eau. En moins de 4 ou 5 heures les vapeurs sulfuriques qui se dégagent et qui ne peuvent trouver d'issue, tuent les insectes sans endommager en rien les couleurs les plus tendres. — Cette méthode de chasse n'est cependant pas sans danger : de grosses espèces, par la secousse de la marche, se dépiquent quelquefois, ravagent et brisent tous les autres insectes. (1) La deuxième méthode que je vais indiquer est mieux en usage :

2° On a deux flacons à large goulot ; l'un est destiné aux insectes carnassiers de moyenne et de petite taille ; l'autre aux insectes phytophages (qui ne vivent que de végétaux). Chacun de ces flacons est rempli de bandes minces de papier, roulées en tire-bouchon, qui permettent aux insectes de se promener, sans se rouler les uns sur les autres ; ces bandes

---

(1) Beaucoup d'entomophiles, avant de se mettre en route, remplissent leurs flacons d'alcool dans lequel ils noient les insectes bruns, noirs et non velus ; l'emploi de l'alcool est toujours mauvais, car il poisse les insectes et leur ôte presque toujours de leur faciès propre. Mieux vaudrait certainement remplir ses flacons de sciure de bois très-légèrement imprégnée de térébenthine, comme le font quelques autres préparateurs, pour tous les insectes sans distinction ; car cette essence altère moins que toute autre liqueur, leur coloris et leur faciès.

de papier conservent à ceux qui sont couverts de poils, d'un duvet fugace ou de couleurs tendres, toute la fraîcheur de leur parure.

Les petites espèces se mettent dans des tubes cylindriques de verre qui contiennent également une ou deux bandes de papier roulées en spirale. Ces tubes ont 6 à 9 millimètres de diamètre, et 7 à 10 centimètres de longueur ; à l'une des extrémités, le verre est arrondi et soudé ; l'autre bout est fermé par un bouchon de liége.

3° Au retour de la chasse, on verse dans chacun des flacons quelques gouttes d'éther, on les ferme hermétiquement et on les laisse 4 à 5 heures renversés, le goulot dirigé du côté de la terre. Il faut éviter de mettre trop d'éther à la fois, ce qui ferait gonfler l'abdomen rétractile de certains insectes, et altérerait complétement sa forme.

Quant aux tubes, on les prend l'un après l'autre et on les chauffe à la flamme d'une lampe ou d'une bougie, en les tenant par le bouchon, jusqu'à ce que les insectes soient morts, ce qui a lieu presque à l'instant et ne les détériore pas du tout. — Retirez de la chaleur les insectes aussitôt qu'ils sont morts, sinon ils se calcineraient, noirciraient et deviendraient fragiles.

Pour tuer les insectes, on peut encore plonger les flacons ou les tubes jusqu'au col dans de l'eau chaude pendant quelques minutes, ou même seulement les exposer, bien fermés, pendant une demie journée aux rayons ardents du soleil. — Enfin, un autre moyen de faire périr les *Cerambyx*, les *Cetonia*, les *Lucanus*, et autres coléoptères de moyenne et de grosse taille, qui ont la vie excessivement dure, consiste à faire rougir, à la flamme d'une bougie, la pointe de l'épingle qui traverse le corps de ces insectes et que l'on remplace ensuite par une autre épingle neuve. Mais, en se débattant dans les douleurs d'une agonie quelquefois assez longue, ils peuvent se brûler quelques parties du corps. Les premiers procédés indiqués doivent, autant que possible, être de beaucoup préférés.

4° Les Carabes et autres gros insectes carnassiers se renferment dans une petite boîte en fer-blanc, ronde, divisée sur sa hauteur en deux compartiments, par une cloison criblée de petits trous de la grosseur d'une aiguille. Chaque compartiment à un large goulot et est hermétiquement fermé par un bouchon de liége. L'un des compartiments, très-petit, et qui forme le fond de la boîte, contient une petite éponge imprégnée d'éther. L'autre compartiment, plus grand, rempli, à moitié, de grosse sciure de bois, ou mieux de fins copeaux de papier, de feuilles, etc., est destiné à recevoir les insectes qui ne tardent pas à être asphyxiés par les vapeurs sulfuriques, qui se dégagent du premier compartiment. La longueur de la boîte est de 18 à 22 centim., et son diamètre de 10 à 12 centim.

5° Il est un moyen très-simple de ranger les coléoptères, quand ils sont morts, moyen très-avantageux surtout lorsqu'on fait une absence de plusieurs jours, et lorsque les flacons et les boîtes de chasse dont on s'était muni avant de se mettre en route, deviennent insuffisants par suite de la richesse imprévue des localités sur lesquelles on a été conduit par le hasard. On a une boîte de bois légère, on met, sur une couche épaisse de sciure de bois, une rangée d'insectes aussitôt qu'ils viennent d'être tués: on couvre le tout d'un second lit de sciure, et d'un second rang d'insectes, et l'on continue ainsi jusqu'à ce que la boîte soit complétement pleine ; après quoi, on tasse légèrement cette sciure pour que rien ne se dérange pendant le voyage, et l'on ferme la boîte. Arrivé chez soi, on sort délicatement, une à une, chaque espèce que l'on pique de suite, ou que l'on fait ramollir si elle est déjà trop desséchée, et s'il y a danger de la briser en la piquant.

6° L'entomologiste doit toujours avoir à sa disposition un grand nombre d'épingles longues, dites *à insectes* ou *de collection*, de tous calibres, mais de longueur égale (40 à 42 millimètres). 1° Les épingles en usage dans le midi de la France n'ont pas de tête et sont en acier. Il en existe d'une finesse extrême, dont les Lyonnais se servent pour piquer les très-petits insectes ; mais l'opération est difficile ; souvent on abîme l'élytre ou l'abdomen de l'unique individu que l'on possède, toujours l'épingle se tord quand on la fixe dans le liége ; mieux vaut coller les petites espèces comme je l'indiquerai plus loin. Les épingles d'acier s'oxident rapidement, quand les collections sont déposées dans des lieux tant soit peu humides. — 2° A Paris, dans le nord de la France et en Allemagne, on se sert d'épingles à tête, en laiton, très-défectueuses : comme elles présentent moins de consistance que celles en acier, et que, par conséquent, elles ont besoin d'être toujours plus épaisses, elles font, dans le liége blanchi qui garnit le fond des cadres, des trous beaucoup plus larges ; ces trous, quand on vient à ôter les épingles, déplaisent à l'œil et servent de retraite sûre aux insectes destructeurs, et surtout aux larves des Anthrènes qui se glissent au-dessous du liége et rendent illusoire tout nettoyage ordinaire ; — ensuite, le sang blanc de certaines espèces de coléoptères corrode le cuivre et détermine sur le corps des insectes, aux points d'entrée et de sortie de l'épingle, des expansions ou moisissures verdâtres qui tendent toujours à s'étendre.

7° Les coléoptères se piquent sur l'élytre droite, aussi près que possible de la suture et sur la moitié de la longueur totale du corps. Il faut que l'épingle soit toujours proportionnée à la grosseur de l'insecte qu'elle doit supporter. Mieux vaut cependant qu'elle soit un peu fine que trop forte, parce que, lorsqu'on est obligé de la changer, il est indispensable que la nouvelle épingle remplisse bien exactement le trou de l'ancienne, pour que l'insecte ne puisse pas tourner sur son support. — L'épingle ne doit dépasser la surface supérieure de l'élytre droite que de 5 millimètres au plus, ce qui permet de le saisir facilement avec des bruxelles.

On pique les coléoptères sur l'élytre droite, afin de ne pas altérer des caractères spécifiques précieux qu'offrent parfois la ligne médiane du corselet et la suture des élytres. Si un caractère se trouve altéré par la piqûre sur l'élytre droite, il reste intact sur l'élytre gauche.

8° Les petites espèces trop généralement dédaignées par ceux qui débutent, ne sont pas toujours les moins curieuses ni les moins recherchées par les amateurs. Tous les insectes qui ont moins de 4 millimètres de longueur sont considérés comme microcoléoptères, et doivent être collés plutôt que piqués. Il est probable que notre département, jusqu'ici si peu connu sous le rapport entomologique, renferme beaucoup de microcoléoptères inédits ; aussi ne saurions à l'avenir chasser ces insectes avec trop d'ardeur.

Les *microcoléoptères* se collent, avec de la gomme arabique, sur le bord (γ-δ) de bandes très-étroites (6 à 7 millimètres) de papier très-fort ou de papier transparent connu par les graveurs sous le nom de papier-glace ; — ou bien encore sur de petites plaques ou feuilles minces de mica, substance pierreuse très-translucide (1).

Ces feuillets de mica ont 6 à 8 millim. de longueur et 4 à 5 millim. de largeur. A l'un des bouts, on colle une étroite bande de papier (α-β), pour les piquer, parce que la pointe de l'épingle s'émousserait sur le mica, sans pouvoir le percer. On réunit 3 ou 4 plaques sur une même épingle, en les superposant.

La colle de poisson, quoiqu'un peu moins transparente que le mica, remplit à peu près le même but. L'épingle (ε-ι) pénètre aisément dans cette substance que l'on peut découper en plaques plus grandes que le mica. Sur une seule plaque, on peut ainsi réunir plusieurs individus (*****) que l'on débrouille et que l'on étudie plus facilement que quand ils sont collés sur des plaques de mica superposées.

Le collage des microcoléoptères sur plaques de mica, bandes de papier, etc., offre un grave inconvénient à signaler : la partie inférieure du corps et les pieds qui fournissent souvent de précieux caractères, ne peuvent être examinés. Il faut donc avoir soin, quand on possède deux ou plusieurs individus d'une même espèce, d'en coller au moins un sur le dos.

9° Les Staphylins, les Téléphores et les Lampyres ont un abdomen long et grêle dont les anneaux, en se desséchant sur l'épingle, se distendent, prennent une attitude pendante disgracieuse, ou se replient sur eux-mêmes en-dessous du corps. On pare à cet inconvénient, en laissant ces insectes se roidir et se dessécher sur une surface horizontale, avant de les piquer.

L'abdomen des Méloés, excessivement gonflé et comme vésiculeux, se flétrirait après la mort et perdrait complétement ses formes, si on ne prenait soin de le dessécher très-rapidement. On prend un tube de verre de grande dimension (15 centim. de longueur sur 15 millim. de largeur), soudé à l'une de ses extrémités comme les tubes dont il a été parlé à la page 15, et fermé à l'autre extrémité par un bouchon de liége. On enfonce dans le bouchon la tête d'une longue aiguille, et sur la pointe de celle-ci on empale le corps du Méloé ; puis on introduit l'insecte dans le tube, de manière à ce qu'il ne touche pas aux parois du verre ; on allume une bougie et l'on fait tourner le tube sur la flamme, jusqu'à ce que le corps, et surtout l'abdo-

---

(1) On trouve chez MM. Delaplace père et fils, libraires, rue de Provence, à Gap, toutes les fournitures qui se rattachent à l'entomo-logie : épingles lyonnaises et allemandes, planches de liége, bruxelles, flacons, tubes de verre, plaques de mica, etc., etc.

men du Méloé soit entièrement desséché. La démarche des Méloés est pesante et embarrassée ; on les rencontre surtout au printemps, sur le sol et sur les plantes basses des prairies.

Le *Manuel du naturaliste-préparateur*, par M. Boitard, recommande de remplir de coton haché et imprégné de quelque préservatif, l'abdomen des très-gros insectes, tels que, Cérambyx, Dytiques et Scarabées ; et cela, en pratiquant avec un scalpel une incision sous les élytres, depuis l'anus jusqu'à la naissance des ailes. Cette préparation fort difficile n'est pas indispensable : il suffit de laisser ces insectes sécher dans un lieu aéré et chaud ; il n'y a que l'humidité qui puisse faire corrompre leur abdomen.

10° Les coléoptères de grosse et de moyenne taille doivent, autant que possible, avoir les antennes et les pattes parfaitement étalées. Pour cela, on pique l'insecte, aussitôt qu'il vient de mourir, sur une petite planche de liége ; avec des bruxelles, on donne aux pattes et aux antennes l'attitude qu'elles avaient quand l'insecte marchait ou nageait, et on les maintient, avec de petites épingles, dans cette position pendant deux jours au moins, c'est-à-dire jusqu'à ce que le corps soit complétement roidi.

11° A-t-on besoin de rendre flexibles et malléables, de crainte de les briser, soit de gros insectes desséchés, pour remplacer les épingles rouillées, tordues ou épointées qui les supportent, soit des microcoléoptères collés sur bandes de papier et qu'on veut piquer sur des épingles très-fines, soit enfin des insectes morts dans une mauvaise attitude ? On prend une assiette que l'on remplit de sable ou de grès pilé, on humecte ce grès de manière à ce qu'il forme une bouillie épaisse sur laquelle on pique les insectes ; on recouvre le tout avec un saladier ou une cloche de verre, et on l'abandonne dans un endroit un peu chaud, pendant 24 heures. Au bout de ce temps, les insectes sont ramollis, sont redevenus aussi malléables que s'ils venaient d'être pris. — On peut, au lieu de grès, se servir d'une planche de liége qu'on fait surnager sur une assiette pleine d'eau.

Une autre méthode d'amollisement est plus simple : elle consiste à plonger les petites espèces non velues, dans un verre plein d'eau, pendant une demi-heure, et à les placer ensuite sur du papier de soie pour les sécher. — L'alcool ramollit très-bien et promptement les gros insectes bruns ou noirs sur lesquels l'évaporation de l'eau n'a produit aucun effet ; mais, après les avoir sortis du bain, il faut les sécher rapidement, en les exposant à une forte chaleur ; sinon, l'alcool poisse leur corps.

12° Un insecte ne mérite de figurer dans une collection qu'autant qu'il est bien conservé, qu'il ne lui manque ni antennes, ni pattes, ni tarses, ni élytres. Mais il arrive quelquefois que l'on brise l'unique individu que l'on possède d'une espèce rare, et qu'il est impossible de le remplacer. Il faut alors rechercher ce que sont devenues les parties brisées et les rajuster une à une au corps de l'insecte avec une gouttelette de gomme arabique.

Ce que je ne pardonne pas, c'est de rapporter, comme le font certains préparateurs peu consciencieux, les pattes et les antennes d'un *Carabus auratus*, par exemple, au corps brisé d'un *Carabus Solieri*, de remplacer les élytres perdues d'un *Ancylocheira punctata* avec celles d'un *Ancylocheira rustica*, de donner aux jambes écourtées d'un *Ludius aulicus* les tarses d'un *Athous Dejeanii*. Il est même quelques marchands d'histoire naturelle qui ne craignent pas de réunir, tant bien que mal, en un seul corps, les différentes parties de plusieurs insectes, de manière à créer un individu hétérogène et sans nom, qu'ils échangent ensuite contre les espèces précieuses découvertes par les débutants, ou qu'ils leur vendent fort cher par la raison même que l'insecte paraît être plus nouveau. Ce sont des artifices contre lesquels ceux-ci ne sauraient trop se mettre en garde.

III. — Mœurs des Coléoptères et Procédés de chasse.

Il existe, à proprement parler, fort peu d'insectes qu'on puisse considérer comme rares. « Il répugne de croire, quand on réfléchit à la taille si petite en général des insectes, aux nombreux ennemis qu'ils ont à redouter et au rôle qu'ils sont appelés à jouer dans la nature, que chaque espèce ne soit pas représentée par un grand nombre d'individus (M. Dr Aubé). » Si telle ou telle espèce échappe à nos investigations, c'est que le plus souvent nous les dirigeons au hasard, et que nous ignorons complétement le genre de vie de l'objet de nos recherches. Il n'est donc pas hors d'à-propos de donner quelques détails sommaires sur les mœurs des principales familles de l'ordre des coléoptères, et d'indiquer ce que leur chasse offre de particulier, sauf à donner, dans le catalogue, des renseignements plus précis et plus complets, quand cela paraîtra nécessaire.

1º Les *Cicindelètes*, aux couleurs métalliques, aux formes élégantes, sont, sans contredit, les insectes les plus carnassiers et les plus voraces qui existent; avec leurs fortes mandibules, ils coupent et mettent en pièces tous les autres insectes qu'ils parviennent à saisir. On doit donc se méfier de leurs ravages, et les tuer le plus tôt possible avec l'éther, comme cela est indiqué, pag. 15. Et encore ont-ils le temps, avant d'être asphyxiés, de s'entre-dévorer. Mieux vaudrait piquer ces insectes sur place, et les fixer solidement, bien isolés les uns des autres, dans une boîte garnie de liége. Tous les insectes d'une même famille ou tout au moins d'un même genre éclosent ordinairement à une époque déterminée de l'année, époque qui ne peut guère varier que de quelques jours, selon que la saison a été plus ou moins favorable au développement des larves, et selon que le sol de la localité qu'habitent ces insectes est plus ou moins élevé, que le climat en est plus ou moins rigoureux. On rencontre le plus ordinairement les Cicindèles au printemps, sur les coteaux secs, dans les lieux solitaires, sablonneux, exposés au soleil, et au bord des rivières, des cours d'eau; quelques espèces sont particulières aux pelouses alpines, et fréquentent, vers la fin de juin ou dans les premiers jours de juillet, le bord des lacs, et les mares formées par la fonte des neiges. — La chaleur augmente l'agilité de leur démarche; leur vol est court et rapide; on ne peut les prendre qu'avec le capuchon. — Tous ces insectes sont éminemment diurnes.

2º Les *Carabiques*, un peu moins agiles que les Cicindelètes, forment la famille la plus nombreuse de tout l'ordre des coléoptères ; c'est aussi celle dont l'étude présente le plus de difficultés. Les Carabiques se rencontrent, surtout au printemps, pendant l'été et à l'automne, bien rarement pendant l'hiver, dans les champs, les jardins, les bois, et sur les chemins, — sous les pierres, sous les écorces ou au pied des arbres, sous les mousses, — au bord des eaux, sur la vase ou sous les débris végétaux.

Quelquefois ils creusent dans la terre des trous assez profonds où ils se tiennent cachés. — On trouve encore quelques Carabiques sur les feuilles des végétaux, surtout sur les graminées (*Ditomus, Aristus, Zabrus*) ; ceux-ci sont lourds et peu agiles. — Les *Calosoma*, insectes forts élégants, volant bien dans l'occasion, à la démarche vive et hardie, se trouvent, en juillet, dans les lieux chauds, sur les arbres où abondent certaines chenilles, surtout celles du *Bombyx processionea*.

Quelques gros Carabiques (*Calosoma, Carabus, Procustes*, etc.), quand on les prend, lancent par l'anus, à une assez grande distance, un liquide brunâtre, méphytique, qui produit une douleur vive quand il atteint les yeux.

La plupart des Carabiques sont entomophages. Leur voracité leur a fait donner par quelques auteurs le nom de *Carnassiers*. Beaucoup d'entre eux fuient le jour qui les importune, ne chassent leur proie que pendant le sommeil de l'homme, et sont, par cette raison, assez difficiles à trouver. — On peut se procurer ces espèces (le *Carabus clathratus*, par exemple, que l'on ne rencontre le jour que quand une inondation subite ou quelque autre accident le force à sortir de sa retraite choisie au bord des prairies marécageuses), en mettant près des lieux qu'elles fréquentent, du poisson mort ou tout autre cadavre infect pour les attirer. De grand matin, on les surprend encore occupées à dévorer l'appât. On peut mettre cet appât dans un pot que l'on enterre jusqu'à l'orifice ; l'insecte qui y tombe et qui est privé d'ailes, ne peut plus s'échapper.

Les *Sphodrus* et les *Pristonichus* vivent dans les caves, celliers, rez-de-chaussée humides et sombres où ils se nourrissent de cloportes. — Les pays de montagnes, les forêts sont le séjour de prédilection des *Pterostichus* ; les nombreuses et bonnes espèces de ce genre que l'on rencontre dans notre pays permettent de faire des échanges avantageux.

Les *Bembidium* et les *Omophron*, qui abondent sur le bord des rivières, se tiennent presque continuellement enfouis dans le sable. Il suffit de frapper du pied le sol, ou mieux encore de l'inonder momentanément avec la main, pour voir surgir à sa surface ces insectes dont la présence est décelée par de petits trous perpendiculaires creusés dans le sable.

3º Les *Hydrocanthares* habitent, pendant le jour, les eaux douces et stagnantes ; ils sont également très-carnassiers et ne vivent que de rapine.

Comme ils s'élèvent souvent à la surface des eaux pour respirer, il est facile de reconnaître les lieux qui doivent être plus particulièrement visités. La nuit, les Hydrocanthares sortent de l'eau, et, au moyen de leurs ailes, généralement bien développées, se transportent d'un lieu à un autre ; de là, leur présence accidentelle dans les flaques d'eau produites par les pluies et dans les bassins des fontaines des villes. On pêche ces insectes avec le filet ou avec le troubleau ; mais il faut s'y prendre très-adroitement, car ils échappent ordinairement par leur vigilance et par la promptitude de leur fuite.

Les grosses espèces de cette famille que l'on rencontre surtout à l'automne (*Dytiscus*, par exemple), ont la tête armée de très-fortes mandibules qui leur permettent d'attaquer d'autres insectes plus gros qu'eux, et même de petits poissons. Il faut, en prenant ces espèces, se méfier de cette arme avec laquelle elles cherchent à faire lâcher prise à la main qui les a saisies.

Les petits Hydrocanthares sont plus communs au printemps. Le genre *Hydroporus* comprend un grand nombre d'espèces, toutes difficiles à classer ; elles abondent quelquefois dans les petits canaux d'irrigation qui traversent les prairies ; elles redoutent les rayons d'un soleil trop ardent.

Les *Gyriniens* se rapprochent par leurs mœurs des Hydrocanthares, mais ils se tiennent toujours à la surface de l'eau ; ils ne plongent que pour échapper à leur ennemi ou pour atteindre leur proie ; ils semblent préférer les eaux courantes des petits ruisseaux, à la surface desquelles ils décrivent, avec une merveilleuse agilité, des lignes circulaires.

4° Les *Palpicornes*, moins agiles que les Hydrocanthares, ne sont pas, comme eux, exclusivement aquatiques. Les Palpicornes terrestres se trouvent particulièrement dans les matières excrémentielles ou dans les substances végétales en décomposition. Ils sont peu nombreux.

Les Palpicornes aquatiques sont presque tous phytophages, et se nourrissent des feuilles des plantes qui commencent à subir la décomposition ; ils habitent principalement les marais, les mares, les ruisseaux dont les eaux forment, à leur surface, une nappe immobile. — Les uns, inhabiles à la marche, nagent assez bien, et, à la manière des Hydrocanthares, s'élèvent souvent à la surface de l'eau pour respirer ; ils font rarement usage de leurs ailes, et, s'il arrive qu'ils soient obligés d'émigrer, ils profitent du crépuscule ou de la nuit pour accomplir leur voyage aérien. — Les autres, marcheurs plutôt que nageurs, se fixent au pied ou aux racines des plantes submergées ; quelquefois on les rencontre hors de l'eau, sous les pierres, sur la vase, sur les joncs, ou sur la tige d'autres plantes marécageuses.

Le chasseur ne doit, à aucune époque, négliger de faire de rigoureuses perquisitions dans la vase des mares, des réservoirs, dont on a tout récemment vidé l'eau, et dans les débris végétaux et vaseux que les pêcheurs sortent des ruisseaux, des étangs en retirant leurs filets ; il peut ainsi se procurer une grande variété de Palpicornes et d'autres insectes aquatiques.

Les *Heterocerus*, les *Helophorus*, les *Georissus*, les *Parnus* et les *Limnichus* vivent dans les mares peu profondes et se cachent parmi les racines des plantes qui y croissent ; ils s'enfoncent dans la vase, quand ces mares viennent à se dessécher, et là, ils bravent impunément la chaleur pendant des mois entiers. On les chasse de leur retraite souterraine, en pressant légèrement le sol avec le pied.

Enfin, quelques petits Palpicornes aquatiques, très-peu agiles, vivent dans les torrents, se cachent dans le sable ou se tiennent fortement cramponnés aux pierres à moitié submergées ; il importe de soulever ces pierres avec la plus grande précaution, car l'insecte, à la moindre menace du danger, lâche prise et, comme il nage fort péniblement, s'abandonne au cours de l'eau, les pattes étendues, prêt à saisir le premier point d'arrêt qui se présentera (*Ochthebius, Macronychus, Elmis, Dryops*, etc.).

5° Les *Nécrophages* et les *Silphales* sont doués d'une finesse d'odorat des plus subtiles qui leur facilite la recherche des cadavres putréfiés et des matières corrompues destinées à leur nourriture. Ils se rencontrent dans les campagnes découvertes ; quelques espèces seulement habitent les bois.

Dans les lieux qu'on présume être riches en coléoptères, on peut exposer le soir, ou même pendant la journée, de petits animaux morts, tels que rats, souris, crapauds, limaces, etc. Quelques heures après, ils sont en proie à ces insectes fossoyeurs. De cette manière, on peut se procurer d'excellentes espèces qu'il serait impossible de trouver autrement.

Si, sous le cadavre, se trouvent quelques trous perpendiculaires, il faut, avec un couteau ou tout autre instrument pointu, profondément labourer la terre et visiter ces trous avec le plus grand soin, car ce sont des Nécrophages qui les ont creusés pour enfouir le cadavre.

Quelques *Necrophorus* et *Silpha*, insectes de grande ou de moyenne taille, se rencontrent ordinairement, par groupes composés de 4 à 5 individus, dans les grosses charognes déposées sur le bord des rivières.

Les très-petites espèces de cette famille (*Choleva, Anisotoma, Leiodes, Scaphidium, Adelops, Agathidium, Clambus*, etc.) diffèrent par leurs mœurs des deux genres précédents ; il faut les rechercher dans le terreau humide des arbres vermoulus, dans les champignons, les fagots, les fumiers, sous la mousse et les feuilles mortes dans les bois, etc.

6° Les *Brachélytres* ou *Staphylins*, insectes éminemment carnassiers, intrépides à l'attaque, très-agiles à la démarche, se distinguent par la brièveté de leurs élytres et ont l'habitude de relever en courant, d'une manière menaçante, leur abdomen, dont le dernier anneau est terminé par deux vésicules épineuses mais inoffensives ; leur mœurs varient beaucoup :

Quelques espèces, de grosse et de moyenne taille (Staphilinides), semblables aux Carabiques, dégorgent par l'anus une liqueur brunâtre, nauséabonde et corrosive, et habitent les cadavres putréfiés. Ils se rencontrent quelquefois aussi dans les fumiers et matières végétales en décomposition.

Les petites espèces (Aléocharides, Tachyporides, Oxyporides) vivent de préférence dans les détritus des végétaux, dans l'intérieur des champignons. Quelquefois on les trouve sous les pierres, sous les feuilles desséchées, sous les écorces des arbres, ou dans les bouses des ruminants.

Dans les forêts, surtout au pied des vieilles souches de pins et de sapins, s'installent quelquefois d'innombrables légions de fourmis qui soulèvent la terre et nichent dans les retraites qu'elles se creusent dans le bois vermoulu. La présence de ces hyménoptères n'exclut pas absolument tous autres habitants : les *Myrmedonia*, les *Dinarda* et quelques autres très-petits Brachélitres n'habitent qu'avec les fourmis, surtout avec la *Formica rubra* et la *Formica rufa* pour lesquelles ils sont un redoutable ennemi.

Enfin, les *Anthobium* ne vivent que dans le calice des fleurs, et les Pœdérides ne se rencontrent qu'au bord des ruisseaux ou des rivières, courant sur le sable ou cachés sous les débris déposés par le courant.

7° Les *Psélaphiens*, insectes ne variant qu'entre deux et quatre millimètres, abondent certaines années, dès les premiers beaux jours du printemps (mars et avril), dans les champs, sous les pierres, ou bien sous les écorces des vieux arbres et sous les mousses, surtout dans les endroits humides : la plupart de ces insectes vivent également en société avec différentes petites espèces de fourmis ; — malgré leur petite taille, ils sont entomophages. — Pour les prendre, on se mouille légèrement l'extrémité de l'index et on l'applique sur l'insecte qui y adhère aussitôt; mieux vaut encore se servir d'un petit pinceau légèrement humecté.

8° Ici prennent rang quelques familles de microcoléoptères pour la chasse desquelles la nappe pourra être utilement employée. Les principales sont :

Les *Anisotomes*, les *Nitidulaires*, les *Cryptophagiens* et les *Latridiens* qui se rencontrent dans les champignons sains ou plus ou moins putréfiés et sous les écorces des arbres, dans les troncs pourris, sous les feuilles tombées à terre, dans les matières animales ou végétales en décomposition ; il en est d'autres qui demandent aux fleurs qui parent la terre les sucs mielleux produits par leurs nectaires. Quelques insectes appartenant à ces mêmes familles se rencontrent enfin, soit dans les endroits obscurs et humides, rez-de-chaussée, caves, celliers, etc.; soit en société avec les fourmis, comme les *Monotoma*, et les *Myrmechixenus*.

9° Les *Dermestiens* (moyenne et petite taille) sont généralement connus par les ravages que la majeure partie d'entre eux font, surtout à l'état de larves, dans les musées d'histoire naturelle et surtout dans les collections entomologiques, ravages d'autant plus redoutables que, logés dans le corps de l'insecte, ils échappent forcément à la surveillance la plus active, aux recherches les plus minutieuses ; peu de coléoptères sont plus nuisibles qu'eux ; je reviendrai sur cette particularité au chapitre *Conservation*.

Insectes parfaits, les *Dermestiens* paraissent changer, pour la plupart, de mœurs, et préférer les matières comestibles, telles que lard, viandes sèches, farines, etc. ; d'autres s'attaquent aux pains à cacheter, aux livres reliés, aux fourrures et quelquefois aux cadavres des animaux; le genre Anthrène, à l'état parfait seulement, recherche une nourriture plus exquise dans le calice des fleurs, surtout sur des spirées, des ombelles, des roses.

10° Les *Byrrhiens*, qui tous marchent très-difficilement et font très-rarement usage de leurs ailes, fréquentent les lieux obscurs. On les rencontre, le jour, cachés sous les pierres, sous les mousses, sous les feuilles mortes, dans les champs sablonneux ; quelquefois aussi, surtout à l'automne, dans le terreau provenant des troncs vermoulus des vieux arbres. Quand on prend ces insectes, ils rentrent leurs pattes, se mettent en boule comme les cloportes, et ne bougent plus, tant que le danger les menace.

11° Les *Histriens*, ainsi que les Byrrhiens, à l'approche du danger, contractent leur tête, leurs pattes et leurs antennes, et contrefont le mort; mais ils quittent bientôt cette attitude trompeuse, et cherchent à s'échapper par la fuite. — Les uns, se rapprochent, quant aux mœurs, des Lamellicornes-coprophages et des Silphales, vivent dans les bouses, les excréments, les cadavres et les matières végétales décomposées. Les autres passent leur vie sous les écorces des bois malades ; les *Platysoma*, au corps déprimé, se rencontrent uniquement dans le poussier terreux qui se forme sous les écorces des vieux arbres. Quelques Histriens habitent encore sous les pierres.

12° Les *Lamellicornes* (l'une des plus belles familles de l'ordre des Coléoptères) peuvent, sous le rapport de leurs mœurs, être divisés en deux grandes séries :

Ceux qui, parés de couleurs généralement sombres, mais souvent remarquables par l'aspect bizarre de leur corps, par les protubérances et appendices de forme singulière dont leur tête et leur prothorax est quelquefois armé, vivent dans les matières excrémentielles et stercorales et sont appelés à en disperser jusqu'aux derniers débris *(Coprophages* de M. Mulsant, vulgairement connus sous le nom de bousiers, fouille-merde : *Scarabœus, Copris, Onitis, Onthophagus, Aphodius, Geotrupes,* etc.) ;

Et ceux qui, parés de couleurs riches et variées, généralement métalliques, ne demandent qu'aux végétaux leur existence, ne vivent que des feuilles d'arbres ou de plantes (comme les Mélolonthins), ou ne se nourrissent qu'aux dépens des fleurs dont ils sucent le miel (comme les Cétoniens). Cependant quelques espèces de *Trichius* et de *Cetonia* s'éloignent peu des arbres qui les ont nourries : l'*Osmoderma eremita* se tient presque continuellement caché dans le tronc caverneux des vieux saules ; le *Gnorimus variabilis* vit dans les troncs de châtaigniers ; les *Cetonia cardui* et *morio*, communs en été sur les chardons, se rencontrent aussi sur les troncs ulcérés des chênes et des saules. — Les Mélolonthins apparaissent au solstice d'été.

Les Oryctésiens, vulgairement connus sous le nom de *Rhinocéros*, se distinguent des autres tribus en ce qu'ils se nourrissent exclusivement de matières végétales en décomposition. On les trouve, à l'automne, dans le tan, le terreau, quelquefois dans les vignes au pied des vieilles souches.

Les *Trox* et les *Oxyomus* se rencontrent au pied des arbres, des haies, des murs, dans les lieux sablonneux exposés au soleil, et y vivent de matières végétales et animales desséchées, de morceaux de feutre, ou d'étoffes de laine. — Les *Pentodon* sont assez communs au printemps, sur les chemins et les coteaux secs et chauds, surtout dans les vignobles.

Les Lamellicornes aiment généralement la lumière et la chaleur, et volent avec agilité sous les rayons du soleil le plus ardent. On les prend au repos sans aucune difficulté ; car ils n'ont aucune ruse pour échapper au danger.

D'autres ne recherchent que l'ombre et les ténèbres, et se cachent le jour dans le sein de la terre, dans le tronc des arbres ou quelquefois se tiennent en repos sur les feuilles. Ils ne prennent leur essor qu'à la clarté douteuse du crépuscule ; leur vol est lourd et incertain. Ces insectes nous donnent l'occasion de parler d'une chasse qui demande beaucoup de patience et pour laquelle on ne doit pas se rebuter, malgré de fréquents échecs :

Cette chasse consiste à parcourir lentement, sur les 8 ou 9 heures du soir, une lanterne d'une main, le capuchon de l'autre, les localités qu'on présume être riches. Les temps secs, mais un peu couverts, et le voisinage des forêts sont deux conditions favorables pour la réussite. La lanterne doit avoir un puissant réflecteur capable de lancer au loin d'éclatants faisceaux de lumière et d'inonder de ses feux une localité jusqu'à 100 pas de distance. Les insectes nocturnes et crépusculaires (Lamellicornes, Longicornes, etc.) viennent voler lourdement devant la lanterne, autour des arbres ou des tiges des plantes, et se laissent prendre facilement. La chasse à la lanterne a répandu dans toutes les collections certaines espèces qui autrefois passaient pour très-rares (*Balboceras gallicus* et *mobilicornis*, *Amphimallus pini*, *Ægosoma scabricorne*, *Vesperus strepens*, etc.).

Les *Geotrupes*, *Scarabæus*, *Gymnopleurus* et beaucoup d'autres Lamellicornes-coprophages se creusent dans la terre, en-dessous de l'excrément qui les a nourris, des trous, des galeries qu'il faut visiter avec le plus grand soin. Ce sont des retraites où ils se plongent au moment du danger.

Tous les Lamellicornes dont il a été parlé jusqu'ici forment le groupe des Pétalocérides de M. Mulsant. Le deuxième groupe, Priocérides (Lucanides, de Mac-Leay) se compose de quelques insectes ordinairement remarquables par leur taille, leur force et le singulier prolongement de leurs mandibules. Ils sont propres aux lieux boisés, aux pays froids et aux grandes forêts; pendant le jour, ils se tiennent cachés dans les troncs caverneux des arbres dont, à l'état de larves, ils ont dévoré les parties mortes, et s'y nourrissent de la sève qui découle des plaies de ces arbres; au crépuscule ils prennent leur vol, qui est si lent et si lourd que l'on peut aisément les poursuivre et les abattre avec la main ou avec un mouchoir.

13° Les *Buprestiens*, vulgairement appelés dans le midi de la France *Richards*, nom que leur avait donné Geoffroy, se font remarquer par la richesse de leur coloris, ordinairement d'un éclat métallique très-brillant, surtout chez les espèces propres aux contrées méridionales : *Buprestis mariana*, *Eurythyrea micans* et *austriaca*, etc. A ne considérer que la couleur de l'habit, cette famille, malheureusement trop peu nombreuse en espèces européennes, mériterait la prééminence.

Ces insectes, éminemment diurnes, ne se montrent que par les temps secs et chauds, surtout vers le milieu de l'été, et volent avec beaucoup d'agilité. — Les grandes espèces (*Ancylocheira rustica*, *punctata*, *flavomaculata*, etc.) habitent les forêts et y recherchent les lieux abrités des vents et exposés au soleil. Elles se tiennent tantôt sur les pins et les sapins abattus et écorcés, tantôt sur les troncs séculaires qui ont nourri leur enfance. — Elles ont l'habitude, quand elles sont sur les arbres, et que quelque danger vient à les menacer, de se laisser tomber; dans leur chute, elles déploient leurs ailes et trouvent leur salut dans la rapidité de leur vol; il est donc utile, avant de chercher à les prendre, de tenir le filet ouvert sous la partie de l'arbre où elles se trouvent. — Quand le temps est sombre, on aperçoit quelquefois le bupreste blotti à l'orifice de la galerie qu'il s'était creusée à l'état de larve, dans le tronc des vieux arbres. Alors il faut le saisir par les antennes avec des bruxelles, et l'amuser par de petites secousses réitérées qui, peu à peu, l'attirent au dehors. Mais si, au contraire, on essayait de le retirer brusquement de cette position, il se laisserait mettre en pièces plutôt que d'en sortir. — L'orifice des galeries percées dans le bois par les *Capnodis*, *Dicerca*, *Lampra*, *Ancylocheira*, *Chrysobothris* et *Phœnops*, insectes au corps déprimé, est ovoïde et horizontal ; cette particularité suffit pour dévoiler la famille de l'insecte qui a perforé l'arbre, et les troncs qui doivent être plus particulièrement visités.

Cependant, tous les Buprestes de grande taille ne sont pas exclusivement montagnards ; on en rencontre quelques-uns en plaine : le *Capnodis tenebrionis* sur les haies de prunier sauvage *(Prunus spinosa, Prunus mahaleb)*, le *Dicerca berolinensis* sur les vieux troncs de charme *(Carpinus betulus)*, le *Dicerca ænea* dans les chantiers, le *Lampra rutilans* sur les troncs de tilleuls *(Tilia Europœa)*, l'*Anthaxia læta* sur le genévrier *(Juniperus communis)*, etc. Les plus précieuses espèces de notre faune sont assurément l'*Acmæodera pisosellæ*, et les *Anthaxia manca* et *cyanicornis*.

Les petits insectes de cette famille se rencontrent sur le tronc des jeunes saules et autres arbustes, plus souvent dans les champs et les jardins, sur les plantes basses et sur les fleurs (surtout les Synanthérées : Chicorée, *Cicorium endivia*; Epervière, *Hieracium murorum*; Pissenlit, *Leontodon taraxacum*, etc.). Elles s'envolent à l'approche du chasseur, et sont, par cette raison, difficiles à prendre. Du reste, l'extrême agilité de leur vol les dérobe très-souvent à une vue faible.

Quand un insecte, à quelque famille qu'il appartienne, se trouve blotti dans une cavité peu profonde où l'on ne peut le saisir, il est facile de le faire sortir de cette position avantageuse au moyen de la fumée du tabac. Mais si cette cavité n'est que l'orifice d'une galerie, l'insecte, au lieu d'en sortir, se plonge dans le dédale de sa retraite plus inexpugnable encore.

14° Les *Elatérides*, vulgairement *Taupins*, bien singuliers par la faculté qu'ils ont de sauter perpendiculairement quand ils sont placés sur le dos, sont moins riches de formes et de couleurs que les Buprestiens; ils se rencontrent, principalement pendant l'été, sur la terre, sur les plantes basses, sur les fleurs, etc. Ainsi que les Buprestiens, ils ont les pattes très-courtes et sont mauvais marcheurs ; mais, en revanche, ils volent tous assez bien. — Lorsqu'on veut les saisir, ils contractent leurs pieds qu'ils replient contre le corps, et s'arrêtent immobiles avec les apparences d'un corps privé de vie; au moment où l'on s'y attend le moins, ils sautent et se laissent tomber dans le gazon où ils se perdent. Il est plus prudent de les faire tomber dans le filet, en secouant la plante ou la branche sur laquelle ils se trouvent, que de chercher à les appréhender au corps. — Une des belles espèces du genre est le *Corymbites aulicus*, qui habite les ravins, les lieux pierreux des hautes montagnes, et qui vit sur la *Scrophularia Hoppii*; elle est rare.

Quelques Elatérides vivent soit à l'état de larves, soit à l'état d'insectes parfaits, dans les parties mortes des vieux arbres. On trouve l'*Agrypnus atomarius* sur le pin, le *Ludius ferrugineus* sur le saule, l'*Ampedus ferrugatus* sur le sapin, l'*Athous Dejeanii* sur le noyer, l'*Athous rhombeus* sur le chêne, le *Corymbites hæmatodes* sur les pommiers.

15° Les *Téléphoriens*, les *Malachiens*, les *Clériens*, jolis insectes (de taille ordinairement moyenne), toujours ailés, souvent remarquables par l'agilité de leurs allures *(Malachius, Dasytes)*, par la villosité de leur corps, la vivacité de leurs couleurs tranchantes *(Trichodes, Clerus, Tillus, etc.)*, par leur lueur nocturne *(Lampyris, Luciola)*, ou enfin par la vivacité de leur incarnat *(Lycus, Dyctiopterus)*, vivent sur les feuilles des arbres et sur les fleurs, sauf quelques rares exceptions, et y font la chasse à d'autres petits insectes, souvent même à des individus de leur espèce.

Les *Necrobia* se rencontrent sur les cadavres, les charognes, quelquefois aussi dans les pelleteries. Les *Enoplium, Notoxus, Tillus* vivent, à l'état de larve, dans l'intérieur des bois, dans les vieux troncs, et, à l'état parfait, ne s'éloignent pas des lieux où ils ont subi leur métamorphoses.

Sont-ils menacés? Les uns recourbent leur abdomen en-dessous (Téléphoriens), les autres font sortir des côtés de leur corselet et de leur abdomen de petites vésicules jaunâtres (Malachiens); d'autres enfin contrefont le mort et se laissent tomber à terre (Clériens); il est alors très-difficile de les trouver, surtout quand l'herbe est épaisse.

Les *Lampyris* ou vers luisants sont connus de tout le monde; le mâle est ailé et n'est pas lumineux; la femelle, qui est aptère, répand au pied des buissons, des haies, et au bord des fossés, pendant les belles soirées de l'été, une lueur très-vive qui est produite par quelques taches phosphorescentes situées sur les deux ou trois derniers anneaux de l'abdomen. Le mâle de quelques espèces est rare; on peut se le procurer en exposant, la nuit, la femelle sur une pierre, un tertre ou tout autre lieu isolé et dominant où il ne tarde pas à venir la rejoindre.

16° Les *Ptiniens* et les *Anobiens* sont de tout petits insectes, à la démarche lente et craintive, connus par les ravages qu'ils font dans les bois sains, dans les meubles et dans la boiserie des maisons; ils s'attaquent aussi aux farines, pains à cacheter, plantes sèches d'herbier et à d'autres matières souvent très-dures. Pour les collections d'insectes, ils sont tout aussi redoutables que les Dermestes. — Qui n'a entendu, dans le calme et la solitude d'un appartement, le tic tac régulier auquel l'un des sexes du genre *Anobium* (Vrillette) a recours pour appeler l'autre, lorsqu'il veut s'accoupler? — Il arrive quelquefois à ces insectes d'abandonner le lieu qui les a vus naître et d'aller prendre leurs ébats sur les fleurs; mais, sitôt qu'ils touchent au terme de leur vie, ils reviennent sur le bois pour y déposer leurs œufs. — Les *Cis* fréquentent les champignons : bolets, agarics, etc.

17° Les *Bostrichiens*, les *Hylésiniens* et *Lymexilones* vivent dans l'intérieur du bois, soit à l'état de larves, soit à l'état d'insectes parfaits; ils recherchent surtout les pins, les sapins et les chênes, qu'ils creusent et sillonnent dans tous les sens. Quelques espèces *(Hylurgus piniperda, Hylurgus ligniperda, Hylobius abietis, Anobium abietis, Anobium pertinax, Scolytes destructor, etc.)* sont réellement dangereuses par les ravages qu'elles font dans les chantiers de bois neuf et dans les hautes futaies où elles s'attaquent même aux arbres les plus vigoureux et les mieux portants.

18° Les *Curculionides, Rhynchophores* ou *Charançons*, qui se recom sent aisément à la forme de leur tête prolongée en trompe ou en bec très-avancé, à l'extrémité duquel sont placés les organes de la bouche, constituent, après les Carabiques, la famille la plus nombreuse de l'ordre des Coléoptères ; leurs mœurs, qui vorient beaucoup, ont été fort peu étudiées ; leur chasse n'offre aucune particularité à signaler. Les larves sont frugivores, rarement phytophages ; l'insecte parfait vit sur la terre, dans les grains, sur les tiges des plantes, quelquefois sur les fleurs ou sur les feuilles des arbrisseaux. Ce sont les insectes les plus redoutés par l'agriculteur. Quelques espèces, quand on les inquiète, cherchent à échapper par une mort apparente au danger qui les menace. — Les *Rhamphus* sont de tout petits insectes qui se tiennent sur les plantes basses et sautent avec une grande facilité ; ils sont, par cette raison, assez difficiles à prendre. — Les *Cleonus* se rencontrent particulièrement sur les routes sèches et couvertes de poussière.

19° Les *Longicornes*, insectes généralement de grande taille, n'apparaissant pour la plupart que vers la fin de l'été, plaisent à l'amateur par l'élégance de leurs formes, quelquefois par la richesse de leur coloris, et se distinguent, comme l'indique le nom que leur a donné Latreille, par le développement de leurs antennes qui dépassent quelquefois de beaucoup la longueur du corps. La plupart de leurs larves, chargées par la nature de hâter la ruine des arbres malades et caducs, vivent dans les couches ligneuses ou sous les écorces qu'elles percent dans tous les sens. Quelques-unes séulement se nourrissent aux dépens des tiges de plantes vivaces.

Les grandes espèces (*Ergates faber*, *Prionus coriarius*, *Rosalia alpina*, *Spondylis buprestoides*, etc.) affectionnent surtout les forêts les plus élevées et restent fidèles aux troncs séculaires dont elles furent, dans leur jeune âge, les hôtes parasites et dangereux, ou s'en éloignent le moins possible. Le jour, tantôt on les voit errer sur leurs branches ou leurs rameaux, et s'abreuver avec délices de la liqueur qui découle de leurs flancs ulcérés ; tantôt, elles se tiennent cachées sous les arbres renversés ou dans l'intérieur des troncs. Toutes ne prennent leur essort qu'à la clarté douteuse du crépuscule. — Quelques longicornes de grande taille se rencontrent cependant encore en plaine : l'*Ægosoma scabricorne* dans les troncs caverneux des tilleuls et des marronniers, les *Cerambyx miles* et *heros* dans les racines de chênes, le *Purpuricenus Kœhleri*, dans les troncs et sur les corymbes des sureaux, l'*Aromia moschata*, dans les saulées et sur les roses, l'*Anœrea carcharias* et le *Lamia textor* sur les peupliers, etc.

Les petites espèces habitent les montagnes et les plaines ; elles fréquentent les clairières des bois, les arbrisseaux des jardins, des haies, ou recueillent dans les prés et les champs les trésors embaumés des nectaires des fleurs, surtout de celles déployées en ombelle, épanouies en corymbe ou disposées en épi (*Callidium*, *Leptura*, *Pachyta*, *Rhagium*, *Toxotus*, etc.). Celles-ci ne redoutent point les rayons du soleil le plus ardent.

Quelques Longicornes aptères habitent les lieux secs où on les trouve sur le sol, et cachent, sous les pierres, sous les gazons, leur vie obscure (*Dorcadion*, *Lamia*, *Parmena*, etc.). — Les *Dorcadion* sont printaniers.

Les *Gracilia*, *Leptidea*, *Grammoptera*, longicornes de très-petite taille, se trouvent au printemps sur les buissons fleuris; le jour, ils trompent souvent, en s'envolant, la main qui s'apprête à les saisir; mais au crépuscule on les prend en grand nombre en battant les buissons sur la nappe.

Certains Longicornes ou insectes lignivores, propres aux contrées alpines, aux forêts séculaires, se rencontrent quelquefois dans les chantiers de nos villes où ils arrivent transportés, à l'état de nymphe ou de larve, dans les bois enlevés aux froides régions qu'ils habitent. On doit donc visiter souvent ces chantiers, car on peut y faire de précieuses captures. — L'*Ædilis grisea*, remarquable par la longueur démesurée de ses antennes, est commun aux environs de Gap, quoique sa larve ne vive que dans le sapin.

« Les larves des Longicornes sont faciles à élever; il suffit de les placer dans des conditions analogues à celles dont elles jouissent à l'état de nature. Le moyen le plus simple consiste à exposer sur la terre et à l'ombre les parties végétales qui les nourrissent, en les recouvrant d'une cloche de toile métallique. Quand on tient ces débris de végétaux enfermés dans les appartements, la plupart ont besoin d'être humectés de temps en temps, précaution sans laquelle les insectes parviennent rarement à leur dernière transformation. (M. Mulsant.) »

20° Les *Blapsides*, les *Opatriens*, les *Ténébriones*, ordinairement noirs, presque tous nocturnes, vivent à terre, dans les caves, celliers, rez-de-chaussée sombres et humides (Blapsides), sous les pierres et les décombres, dans les lieux secs et sablonneux (Opatriens), dans la farine et autres comestibles (Ténébriones). Les *Blaps* répandent une odeur fétide, comme la plupart des insectes qui vivent dans les lieux humides.

La démarche de ces insectes est ordinairement assez lente; les Opatriens se nourrissent de matières végétales décomposées, desséchées, et d'insectes mous, tels que *Cloportes*; ils feignent la mort au moment du danger.

21° Les *Hélopiens* sont généralement rares et recherchés par les entomologistes; les larves vivent sous les écorces des arbres, et l'insecte parfait, sauf quelques rares exceptions, ne quitte pas le lieu où il a vu le jour. L'*Hélops chalybæus* (la plus belle espèce du genre) se rencontre dans le terreau qui se forme sous les écorces des vieux troncs de châtaigniers.

22° Les *Cantharides*, insectes ornés pour la plupart de belles couleurs ou de taches agréablement disposées, vivent sur les plantes dont elles dévorent les feuilles ou sucent le miel des fleurs. La *Lytta vesicatoria* en France (qui vit par nombreux essaims sur les frênes), le *Mylabris chicorii* en Angleterre, sont d'un grand usage en médecine, surtout pour les vésicatoires. Les *Mordella* qui sont, de toute la famille des Cantharides, les insectes les plus agiles, vivent constamment sur les fleurs.

Il me resterait à parler des *OEdémériens*, des *Cistéliens*, insectes assez mous pour la plupart, qui se rencontrent quelquefois sur les feuilles des arbres dont ils dévorent le parenchyme, plus souvent sur les plantes où ils vivent du miel des fleurs; — des *Chrysomélines*, petits Coléoptères ordinairement très-riches de coloris ou de ponctuation, que l'on trouve principalement sur les fleurs et les feuilles des plantes basses; — des *Sécuripalpes* ou *Coccinelliens*, vulgairement Bêtes à Dieu, insectes qui rendent d'éminents services par la guerre à outrance qu'ils font aux pucerons ; — et d'autres familles dont les mœurs offrent des particularités que les limites de cet opuscule me forcent à passer sous silence. Je comblerai plus tard cette lacune.

IV. — Climat.

On ne compte dans les Hautes-Alpes que quelques rares localités privilégiées ; disséminées et perdues au milieu de cette chaîne de montagnes aux vastes solitudes, ces localités ne me sont pas encore suffisamment connues, pour avoir la prétention de servir de guide et de *cicerone* à mes jeunes lecteurs ; nous ne pourrions que nous égarer ensemble dans un voyage d'aussi long cours. Je me bornerai donc, pour le moment, à jeter un coup d'œil rapide sur les étages successifs de cette contrée montagneuse.

Sous le rapport climatérique, je crois que les Hautes-Alpes peuvent être divisées en deux régions principales :

1° Une région *nord*, froide, située au sein des Alpes, au milieu des plus gigantesques accidents de terrain ; elle offre à chaque pas le spectacle de magnifiques horreurs, les scènes lamentables de la nature en désolation. Cette région, la plus étendue, comprend les cantons de :

La Grave.	Abriès.	Embrun. *(partim.)*	Saint-Bonnet.
Le Monêtier.	Guillestre.	Chorges. *(id.)*	Saint-Etienne.
Briançon.	Savines.	La Bâtie-Neuve. *(id.)*	Saint-Firmin.
L'Argentière.	Orcières.	Gap. *(id.)*	Aspres-lès-Veynes.

2° La région *sud* est moins intéressante aux yeux du touriste qui ne recherche que de vives émotions, et se distingue de la première par la sécheresse habituelle du sol ; elle embrasse les cantons de :

Embrun. *(partim.)*	Gap. *(partim.)*	Ventavon.	Orpierre.
Chorges. *(id.)*	Tallard.	Veynes.	Rosans.
La Bâtie-Neuve. *(id.)*	Vitrolles.	Serres.	Ribiers.

Région sud. — La température de la plaine, quoique bien plus uniforme que celle des montagnes, offre, suivant les expositions plus ou moins méridionales, des différences sensibles qui se manifestent aussi bien sous le rapport de l'entomologie que sous le rapport de la végétation. Les environs de Ribiers, de Laragne, d'Orpierre se ressentent du voisinage de la Provence ; aussi y a-t-on signalé la présence de bon nombre d'espèces propres aux départements les plus méridionaux de la France *(Carabus vagans, Amara eximia, Ancylocheira flavomaculata, Cratomerus cyanicornis, Agapanthia cærulea, Acanthoderes varius,* etc.*)*. Dès le mois d'avril, les insectes commencent à paraître dans la partie basse de cette région ; le commencement de mai semble être le moment le plus favorable que peut choisir l'entomologiste pour l'explorer. Mais, comme tous les insectes n'éclosent pas en même temps, il convient de visiter une deuxième fois cette région vers le mois de juin. — A mesure que l'on se dirige vers le nord, certains insectes deviennent de plus en plus rares, puis finissent par disparaître complétement pour faire place à d'autres qui appartiennent soit à la faune

..pine, soit à la faune de la France centrale et septentrionale. Les
·nvirons de Gap sont les limites extrêmes que ne dépassent pas les
*Ditomus calydonius, Aristus capito, Brachinus psophia , Pentodon punc-
tatus, Amphimallus pini, Agapanthia cardui , Cartallum ruficolle*, etc.

Les basses montagnes sont nombreuses dans cette région ; on y rencontre également quelques hautes montagnes; mais, à en juger par celles
que j'ai pu visiter, les unes et les autres sont très-pauvres en insectes.
Dépouillées de leur neige dès les premiers beaux jours du printemps ,
n'étant que très-rarement humectées par les pluies ou ombragées par les
nuages , elles doivent plus à leur sécheresse et leur aridité qu'à leur formation presque toujours schisteuse , leur désolante pauvreté.

Région nord. — Cette région s'élève graduellement en amphithéâtre
depuis Gap jusqu'au mont Genèvre et au mont Vizo à l'est, et jusqu'au col
du Noyer et au col de la Croix-Haute au nord et à l'ouest.

1. La partie basse des vallées, située au milieu de très-hautes montagnes qui la protégent contre les vents et concentrent par réfraction la
chaleur sur son sol pendant l'été, jouit d'un climat doux et tempéré ;
couverte d'une végétation assez riche, assez variée, elle renferme de loin
en loin quelques localités , vers le mois de juin, assez abondantes en
coléoptères. Les jardins , les bosquets et les chantiers sont les lieux qu'ils
affectionnent surtout. En filochant les prés , au moment de leur parfaite
floraison , on peut aussi faire de bonnes captures.

Les ombelles du panais *(Pastinaca sativa)*, de la carotte *(Daucus caro-
ta)*, les corymbes du sureau *(Sambucus nigra)*, du viorne *(Viburnum lan-
tana)*, les achillées *(Achillea millefolium)*, les chardons *(Carduus nutans* et
nigrescens), les rosiers, les spirées *(Spiræa spica)* sont les fleurs les plus
fréquentées ; aussi les cultiverais-je de préférence si je n'avais un parterre
que pour y faire de l'entomologie. Dans ce parterre, j'admettrais encore
d'autres plantes plus humbles, plus tristes, telles que la vipérine *(Echium
vulgare)*, l'euphorbe *(Euphorbia cyparissies)*, le plantain *(Plantago major)*;
ces plantes , sur lesquelles les regards du voyageur ne s'arrêtent quelquefois
qu'avec dédain, ne sont pas moins recherchées par certains insectes.

Au sein des débris que les torrents rejettent sur leurs bords après les
inondations, on trouve quelquefois, dans un complet engourdissement, de
bonnes espèces particulières à des régions bien supérieures.

2. Les coteaux, les basses montagnes, contre-forts des grandes chaînes
des Alpes, sont cultivés, quelquefois jusqu'à une hauteur considérable. Les
coteaux qui sont tournés vers le soleil levant ou vers le midi, généralement
couverts de céréales, quelquefois de vignes, sont assez riches en
coléoptères; ce sont en grande partie les espèces de la plaine; mais les
coteaux exposés au nord, le plus souvent incultes , quelquefois couverts
de blaches ou de broussailles , ne présentent plus le moindre insecte.

Les chênes forment ordinairement l'essence dominante des bois taillis qui
couvrent çà et là les pentes des basses montagnes. Les fleurs, les fruits, les
feuilles, les écorces, les troncs de ces arbres doivent être visités à différentes
époques et avec le plus grand soin ; il n'est pas une de ces parties qui ne

serve de berceau à des espèces particulières. J'engage les entomologistes à explorer les environs de Laric et de Chabestan où se rencontrent, me dit-on, les chênes les plus âgés et les plus majestueux du département.

Les fermes, dans nos montagnes, sont toutes couvertes en chaume. Ce chaume, surtout lorsqu'il n'a pas plus de cinq ou six ans, sert de berceau à une multitude d'insectes dont quelques-uns se rencontrent aussi dans les matières végétales en décomposition, mais dont la plus grande partie ne se trouve que là. Il faut frapper, avec le cercle du capuchon, le bord inférieur de ce chaume, et enfermer, dans de grands cornets de papier ou dans un petit sac, les débris qui tombent dans le filet, et que, rentré chez soi, on devra éplucher avec la plus minutieuse attention.

3. Plus au-dessus, à une hauteur qui varie entre 1200 et 1400 mètres, se trouvent çà et là disséminées ces quelques forêts d'arbres résineux dont j'ai déjà parlé, page 10, forêts qui ont échappé aux désordres qui régnaient autrefois et qui, aujourd'hui, sont soumises au régime forestier. Quoique moins importantes et bien moins riches en insectes que celles observées aux environs de Grenoble, à la Grande-Chartreuse, à Prémol, celles de Durbon, de Montmaur, du Plaine en Dévoluy, de Loubet, du Devez, de Boscodon, de la Sapée, du Val-des-Prés, n'en sont pas moins assez belles, ne méritent pas moins d'être exploitées. Visitez surtout les vieilles souches coupées à deux ou trois pieds de terre, et les troncs séculaires et vermoulus des fayards ou hêtres (*Fagus sylvatica*), et des arbres résineux (à l'exception du mélèze, *Larix europæa*). Aux mois de juillet et d'août, vous pouvez y faire de bonnes récoltes d'insectes lignivores.

A la longue et sous l'influence de l'humidité qui pénètre par les trous de sortie des insectes éclos et qui précipite la décomposition du bois, les vieilles souches, les troncs vermoulus se ramollissent, deviennent spongieux, puis finissent par se transformer en un terreau qui conserve à peine les traces de son origine, et qui nourrit néanmoins encore des insectes particuliers (*Helops caraboides*, *Spondylis buprestoides*, *Sinodendron cylindricum*, *Molytes germanus*, *Silpha thoracica*, etc.).

Mais ce ne sont pas seulement les squelettes dépouillés des pins et des sapins qui sont dignes de nos perquisitions. Il faut encore battre sur la nappe les branches, les fleurs, les cônes, le feuillage de ces arbres. C'est le moyen de se procurer les *Brachyderes incanus*, *Pissodes notatus*, *Hylobius abietis* et *pineti*, *Hylurgus ligniperda* et *piniperda*, *Anobium abietis*, *Podabrus alpinus*, *Ædilis grisea*, *Coccinella livida*, etc., etc.

Sous la protection des grands arbres des forêts, la végétation herbacée est ordinairement puissante et variée : les éclaircies des bois, couvertes, entre autres plantes, de Sureau yèbe (*Sambucus ebulus*), de cacalie (*Adenostyles alpina*), d'ombellifères (*Astrantia major*, *Meum athamanticum*, *Pleurospermum austriacum*, *Chærophyllum aureum*, *Trochiscanthes nodiflorus*, etc.), de gentianes (*Gentiana lutea*), sont ordinairement, aux mois de juillet et d'août, riches en espèces propres aux régions alpines.

Quelques scieries se trouvent de loin en loin, établies au bord des torrents qui sillonnent les pentes de ces forêts. Sur les tas de planches et de liteaux, sur les troncs abattus et écorcés, déposés dans le voisinage de ces scieries, il y a toujours de précieuses découvertes à faire.

Au crépuscule ou dans la soirée, tant dans les pays en plaine que dans les pays de montagnes, il faut visiter le dessous des ombelles; un grand nombre d'insectes se cachent ordinairement sous cet abri et y attendent que le soleil viennent leur rendre la chaleur et la vie.

4. En montant, le climat devient de plus en plus rigoureux; les arbres résineux se rabougrissent et finissent par disparaître pour faire place à de vastes pâturages, aux pelouses alpines; là, sont les chalets, les cabanes des bergers provençaux. Le chaume qui couvre ces cabanes, les poutres vermoulues qui le supportent, méritent d'être visités avec soin; beaucoup de microcoléoptères ont fixé là leur unique séjour.

5. L'exploration des montagnes, jusqu'à près de 2500 à 3000 mètres, et même jusqu'au pied des glaciers, doit être tentée; car les lieux seuls privés de végétaux sont aussi privés d'insectes, et les coléoptères qui habitent ces sommités ne se rencontrent pas plus bas. C'est dans les pelouses qui avoisinent les neiges, les glaciers de nos Alpes, qu'il faut aller chercher les *Cicindela chloris, Nebria castanea, Carabus alpinus, Calathus alpinus, Bembidium glaciale, Anthophagus alpinus, Podabrus alpinus, Silpha alpina, Aphodius nivalis, Aphodius alpicola, Toxotus cursor, Orcina gloriosa, Idalia alpina*, etc., etc. Mais il est rare de saisir un temps favorable pour faire ces ascensions. Presque toujours le vent ou les brouillards, plaies saignantes de ces hautes régions, viennent paralyser les efforts du chasseur le plus expérimenté.

« Lorsqu'on se met en marche avec un léger zéphyr dans le fond des vallées, c'est certainement une tempête là-haut; ou bien la tourmente, pour se déchaîner, attend tout juste que vous ayez atteint votre but. Alors plus d'insectes, plus rien d'animé : tout est caché, tout est mort ! Dans ce cas, le seul parti à prendre, c'est de revenir sur ses pas et de regagner les lieux abrités. Combien le sort du botaniste et du minéralogiste est plus heureux ! Quelque temps qu'il fasse, les plantes et les pierres ne se cachent pas (M. Donzel). »

Le voyageur qui profite d'un temps propice et qui obtient un succès complet, ne doit pas craindre de récolter un grand nombre d'individus de la même espèce. Une autre année, quand il reviendra sur cette sommité, il pourra être moins heureux et échouer complétement, même avec un temps favorable; car, par un secret de Dieu qu'il faut reconnaître, mais que nous ne devons pas avoir la témérité de chercher à expliquer, beaucoup de coléoptères, abondants certaines années, ne se montrent nullement certaines autres. Et d'ailleurs ces espèces, que l'amateur aura récoltées en grand nombre, lui permettront de faire des échanges avec des entomologistes des pays lointains, seul moyen de se procurer cette masse d'insectes qui appartiennent à la Faune française et qui ne se rencontrent pas dans les Hautes-Alpes. (On compte aujourd'hui en France environ 6500 espèces de coléoptères.)

6. Jusqu'ici je n'ai pas parlé de la *chasse sous les pierres*, quoique ce

soit assurément , de toutes les chasses , la plus féconde en heureux résultats. Combien d'espèces qui ne vivent que sous les pierres ! Combien d'insectes qui , sous ces abris , fuient le jour qui les importune! Combien
d'autres enfin qui s'y trouvent un refuge assuré, quand les vents balayent
monts et vallées , ou quand les intempéries des saisons menacent de la mort
tout ce qui est trop faible pour leur résister ! Mais toutes les pierres ne sont
pas également favorables pour cette chasse. Il faut visiter surtout : 1° celles
qui sont isolées au milieu des prés, des champs et principalement des pelouses alpines ; 2° celles que l'on rencontre au milieu des bois , des forêts,
ou , en plaine , au bord des ruisseaux , des marécages, et au pied des
arbres ; 3° et enfin celles qui bordent les torrents ou que le retrait des
eaux a laissées à sec sur le sable des rivières. — Evitez, dans vos courses,
de perdre un temps précieux à déplacer les tas de pierres qui sont sur le
bord des routes ou des champs nouvellement défoncés , les clapières et
débris rocailleux qui gisent au pied des pentes abruptes, des précipices
des montagnes : là , il n'y a absolument rien à faire.

Il faut toujours avoir soin , après qu'on a soulevé une pierre , de la
remettre à la même place, pour que, si le hasard conduit quelque autre
entomologiste dans la même localité , il puisse à son tour s'enrichir de ce
qui a échappé aux premières investigations.

V. — Conservation.

1. Quelques entomophiles se servent de cadres vitrés qui, pendus aux
murailles au moyen de deux anneaux , décorent les appartements d'une
manière fort agréable.

Ces cadres, dont les dimensions sont tout à fait arbitraires, facultatives,
ont le plus ordinairement 45 à 50 centimètres de largeur sur 80 à 90 centimètres de longueur, et sont faits en bois dur. Ils s'ouvrent par-devant au
moyen d'un châssis formé par quatre baguettes de noyer, dans lequel la
vitre est close et mastiquée, et qui est fixé, en manière de porte, par deux
ou trois petites charnières, sur l'un des côtés de la boîte , tandis que, sur
le côté opposé, il est arrêté au moyen de deux ou trois crochets.

Il importe que les baguettes du châssis ait par-dessous une forte saillie
qui forme intérieurement une emboîture bien juste avec les côtés du cadre,
pour empêcher la circulation de l'air et l'introduction de la poussière et
des insectes destructeurs.

Mais, sous l'action de la lumière qui semble vouloir retirer aux corps
organisés morts les bienfaits dont elle les avait dotés pendant leur vie , les
vives couleurs de certains insectes pâlissent rapidement : ainsi, par
exemple, le rouge éclatant du *Lyctus aurora*, du *Pyrochroa rubens*, du
Trichodes 8-punctatus, de l'*Ampedus ferrugineus* , du *Callidium sangui-
neum* et du *Corymbites hæmatodes* , ne tarde pas à se transformer en un
jaune testacé, qui rend ces espèces méconnaissables. Plus la lumière est
vive , plus la décoloration est rapide. — Néanmoins, pour les collections

d'insectes des musées publics d'histoire naturelle, on est contraint de ne se servir que de cadres ; mais alors on les recouvre d'un épais rideau noir ou vert.

2. D'autres amateurs se servent d'un meuble composé de plusieurs boîtes non recouvertes, formant tiroirs. Les tiroirs, au nombre de 25 ou 30 pour les collections qui ne renferment que des espèces européennes, sont étagés sur deux colonnes. — Sur le devant de chaque tiroir sont fixés deux petits boutons ou anneaux de cuivre pour le retirer aisément de sa case, et l'étiquette de la famille et de la tribu auxquelles appartiennent les insectes qui y sont enfermés.

Chacune des cases doit être dans des dimensions telles, qu'un tiroir s'y enchâsse exactement, sans laisser le plus petit vide en-dessus ou par côté ; mais, il faut l'avouer, il est difficile d'obtenir ce degré de perfection dans le travail du menuisier même le plus habile, et d'ailleurs le bois employé dans un meuble aussi compliqué, travaillant, se déjetant toujours quelque peu, des jours finissent par se former, et laissent un libre passage à la poussière, aux mites, aux Anthrènes et autres animaux rongeurs qui, au moyen de leur taille infiniment petite, peuvent se glisser dans les collections par des interstices si étroits que l'œil du conservateur a souvent de la peine à découvrir la voie qu'ils ont suivie.

3. Enfin, la troisième manière de placer les insectes en collection me paraît la meilleure, et la voici. On fait faire une grande armoire, hermétiquement fermée par deux portes à battants, et divisée en deux colonnes d'étagères, sur chacune desquelles on dépose deux ou trois boîtes ; ces boîtes, de même dimension que les tiroirs dont il est parlé précédemment, ont ordinairement de 40 à 45 centimètres de longueur et 30 à 35 centimètres de largeur ; elles s'ouvrent, comme les cadres, au moyen d'un vitrage fixé avec des charnières sur l'un des côtés de la boîte. Sous la double cloison qui les enferme, les insectes échappent forcément aux ravages des insectes destructeurs, et conservent indéfiniment l'éclat de leur coloris.

4. Les cadres, boîtes ou tiroirs doivent avoir intérieurement 45 à 55 millimètres de profondeur. Leur fond est uniformément recouvert de minces lames ou planches de liége, clouées ou mieux fixées avec de la colle forte. Pour rendre ces fonds plus propres, on colle ensuite par-dessus, avec de l'amidon, une grande feuille de papier blanc.

5. Quand les cadres ou les boîtes sont prêts à recevoir les insectes, on trace au crayon, sur le fond de liége, dans le sens de la largeur, des lignes espacées entre elles de 25 à 30 millimètres. Puis, sur toutes ces lignes on marque, avec la pointe d'une aiguille très-fine, des distances égales de 10 ou de 12 millimètres ; c'est sur ces points que seront piqués les insectes. — Si un coléoptère est trop gros pour pouvoir entrer dans l'espace qui lui est réservé, on prend un espace double ou triple ; mais on ne doit jamais fractionner ces distances (c'est-à-dire prendre par exemple 15 ou 18 millimètres), sinon on s'exposerait à faire sur le liége quantité de trous qui fourniraient, comme j'ai déjà eu l'occasion de le dire (page 16), des retraites aux insectes parasites.

6. On place les insectes par ordre de familles, de tribus, de genres et d'espèces, en commençant par le rayon d'en haut, en allant de gauche à droite et descendant de rayon en rayon, de manière que l'ordre établi dans la collection soit le même que celui de la méthode que l'on a adoptée comme guide de classification.

Il faut avoir bien soin d'enfoncer profondément, avec des bruxelles, les épingles dans le liége, de manière à ce que les insectes ne se dépiquent pas lors des déplacements et des voyages, et ensuite de laisser entre chaque espèce l'espace nécessaire pour intercaler les insectes du même genre que l'on espère pouvoir bientôt trouver soi-même ou se procurer par échanges. Il est facile, au moyen des pointures dont j'ai parlé plus haut, et d'un catalogue général ou d'une méthode complète, de calculer exactement la place que l'on doit laisser vide entre chaque espèce.

Les méthodes et catalogues dont on se sert pour analyser les coléoptères et classer ses collections, n'ont généralement pas un numéro d'ordre devant chaque espèce ; j'engage les débutants à l'établir sur la marge de ces ouvrages, soit à l'encre, soit au crayon si le papier est sans colle ; au moyen du numéro d'ordre que l'on reporte ensuite sur l'un des coins de l'étiquette, on voit, sans recourir aux livres, la place que l'insecte doit occuper dans la collection.

7. Les noms de famille et de tribu sont écrits ordinairement sur des étiquettes de couleur, pour que l'on puisse, sans consulter les dénominations latines, distinguer de suite les principales divisions méthodiques. On fixe ensuite ces étiquettes sur le fond du cadre, en long, soit avec une épingle, soit avec une goutte de colle. — L'étiquette de genre et d'espèce est blanche, de grandeur uniforme, ordinairement de 9 à 11 millimètres de largeur sur 20 à 22 millimètres de longueur, et est piquée sur le liége avec l'insecte, mais en travers pour qu'elle tienne moins de place.

La première ligne porte le n° d'ordre et le nom de genre ; la 2e ligne, le nom d'espèce et les initiales de l'auteur qui l'a décrite le premier ; la 3e ligne, l'époque et la localité où l'insecte a été capturé.

Modèles d'étiquettes intérieures :

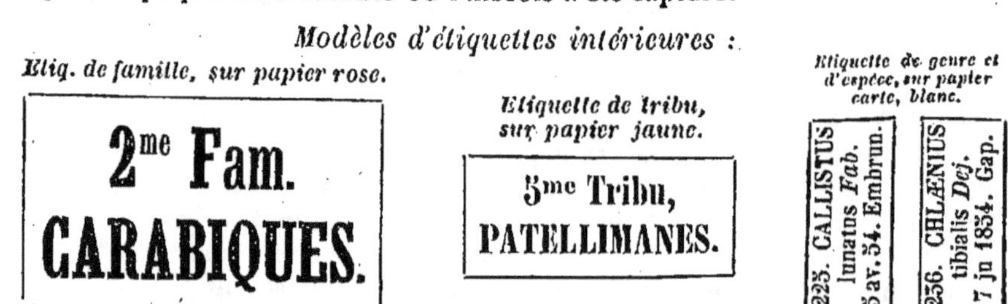

Modèle d'étiquette extérieure, à coller sur le devant de la boîte.

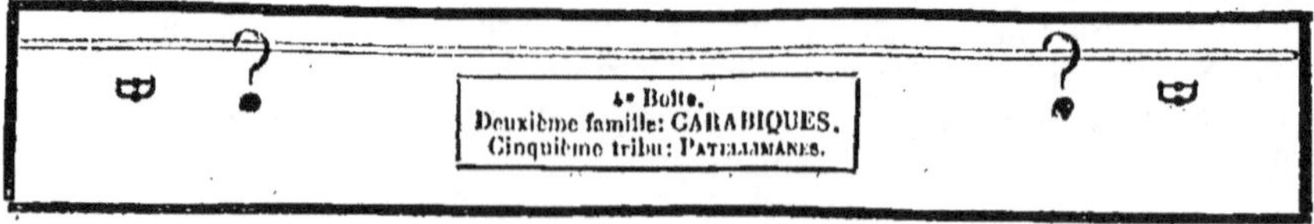

8. Mais ce n'est pas tout encore, une collection soigneusement tenue doit être accompagnée d'un cahier de notes ou de courses, qui indique avec précision la topographie et la faune des localités explorées, la plante sur laquelle chaque insecte a été pris, et tout ce qu'on a pu observer sur sa manière de vivre.

9. Quelques amateurs sont dans l'usage, quand un insecte est en parfait état de conservation, de fixer à l'épingle, au-dessus de l'étiquette d'espèce, une très-petite rondelle de papier, de 1 millimètre au plus de diamètre, de couleur bleue pour les individus mâle, ou de couleur verte pour les individus femelle ; l'absence de la rondelle leur indique de suite que l'insecte est incomplet et que par conséquent il est à remplacer.

10. Peu d'objets d'histoire naturelle sont aussi exposés aux ravages des Mites, Dermestes, Ptines, Anthrènes, que les collections d'insectes, et cela par la raison que l'on ne peut pas, pour les conserver, vider leur corps, comme on le fait pour les quadrupèdes, etc. On ne peut pas mieux enduire leurs téguments de préservatifs, comme cela se pratique pour les reptiles et les crustacés. Aussi les viscères et les membranes desséchées et quelquefois très-dures des coléoptères, offrent-ils à ces animaux rongeurs une nourriture qui les attire de fort loin et qui leur plaît tout autant que les parties grasses et charnues des fourrures des animaux empaillés.

Ce n'est que par des visites réitérées que l'on parvient à préserver ses collections des ravages des insectes destructeurs. Aussitôt que l'on aperçoit dans le fond des tiroirs ou dans les cadres posés à plat une poussière fine et jaunâtre, qui se détache du corps d'un insecte, on peut être sûr qu'il est attaqué. Sans perdre un instant, il faut le sortir et lui faire subir l'immersion dans l'alcool, ou si l'insecte est velu ou, revêtu de couleurs tendres, la préparation indiquée ci-après (n° 13.)

11. On peut, toutefois, avoir la précaution de mettre dans un coin du cadre ou du tiroir quelque substance très-odorante, soit un morceau de camphre enveloppé dans un morceau de linge ou un cornet de papier et fixé sur le liége au moyen d'une épingle ; — soit un escargot (*Helix pomatia*, sorte de coquille commune dans les terrains vignobles de nos pays), que l'on colle solidement et que l'on remplit de coton fortement imprégné d'essence de térébenthine, de serpolet ou de lavande ; l'hélice empêche le principe huileux de ces essences, qu'il faut avoir soin de renouveler fréquemment, de se répandre sur le papier qui couvre le liége et de le tacher. — Mais que l'on ne se méprenne pas sur l'efficacité de ce moyen préservateur ; il est incapable de détruire les insectes destructeurs s'il s'en trouve déjà d'introduits dans la collection ; il peut tout au plus la garantir de l'invasion de nouveaux parasites.

12. Une grande propreté est donc de rigueur dans les collections de coléoptères. Si, au contraire, on perd de vue ses collections et qu'on ne s'en occupe pas pendant un an ou deux, souvent elles sont perdues sans ressources. — Lorsque toutefois il en est temps encore, le seul moyen d'arrêter les progrès du mal, c'est d'exposer tous les insectes attaqués à une forte

chaleur, dans un nécrentome ou bain-marie, espèce d'étuve, de marmite, hermétiquement fermée et plongée dans une chaudière plus grande, pleine d'eau bouillante. Aussitôt qu'elles sentent la chaleur, les larves « renfermées dans le corps des insectes sans qu'on puisse même en soupçonner l'existence, sortent de leur retraite pour chercher ailleurs l'air humide dont elles commencent à manquer, au bout de quelques minutes, elles finissent par succomber si elles ne peuvent sortir de l'étuve. On les trouve alors réduites, pour ainsi dire, à un état de torréfaction qui succède bientôt à l'asphyxie qui les a fait périr. (M. Chenu). »

13. Mais quand ce n'est qu'un seul individu qui est attaqué, au lieu de se servir du nécrentome, on pique cet individu sur le bouchon de liége d'un flacon à large goulot, et on le plonge dans ce flacon de manière que le corps ne touche pas aux parois du verre. Ensuite on immerge le flacon dans de l'eau bouillante ; la chaleur, en moins de 8 à 10 minutes, tue les larves parasites et leurs œufs, sans endommager la couleur de l'insecte. — Les vapeurs sulfuriques de l'éther font de même périr les larves, mais elles ne détruisent pas le germe du mal, puisqu'elles ne produisent aucun effet sur les œufs.

14. Lorsque les cadres ou les boîtes sont fermés et que l'on craint de ne pouvoir de longtemps les visiter, il est bon de coller tout le long des joints des bandes de papier pour empêcher l'introduction de l'air, ce puissant destructeur des corps organiques.

15. Pour faire les échanges, on se sert de petites boîtes de bois blanc de 25 à 30 centimètres de longueur sur 12 à 14 centimètres de largeur, ou de *boîtes de cigares* assez solides pour résister au voyage. On en garnit le fond avec un corps tendre, tel que planche de liége, moelle de sureau, cire, bois pourri, ou avec de simples bouchons coupés par morceaux. En les serrant un peu, on peut renfermer plus de mille espèces dans une petite boîte. — Entre amateurs, l'usage est de ne faire échange que d'insectes en parfait état de conservation. Mieux vaut ne pas faire d'échange que d'envoyer des espèces incomplètes.

16. Après les *Dermestes*, c'est l'humidité qui est le fléau le plus à craindre pour les collections d'insectes ; son action destructive est plus prompte que les ravages exercés par les parasites ; la moisissure se montre d'abord sur la tête, à la base des antennes, aux articulations des pattes, et en moins de deux ou trois jours s'empare de toute la partie inférieure du corps. Sur les élytres, sur le prothorax apparaissent ensuite de petites taches rondes et grisâtres ; les insectes, à ce point attaqués, sont complétement perdus ; car ces taches sont ineffaçables.

Il faut donc que les collections soient déposées dans un lieu sec, et que la température qui les entoure soit, autant que possible, toujours égale (8 à 15 degrés centigrades) ; les appartements situés au premier étage et dont les ouvertures, portes et fenêtres, regardent le nord, sont les plus favorables. — Quand l'hiver est pluvieux, on doit mettre dans la pièce un poêle, non pas pour l'échauffer, mais seulement pour en chasser l'humidité.

17. On rencontre quelquefois, avec un insecte parfait, la larve qui le produit. Je conseille à celui qui débute de ne pas la négliger, car l'étude du premier état des coléoptères lui offrira plus tard de l'intérêt; quelques amateurs *collectionnent* les larves avec le même soin que nous autres nous *collectionnons* les insectes parfaits.

La conservation de la larve d'un coléoptère est chose très-simple : on prend un tube de verre semblable à ceux dont il a été parlé à la page 14, n° 2, d'un diamètre ayant un tiers de largeur de plus que l'épaisseur du corps de l'insecte, et après y avoir plongé la larve on remplit ce tube soit d'esprit de vin, — soit d'un mélange d'alcool (100 grammes), d'eau distillée (125 grammes), d'alun calciné (20 grammes), et de sublimé corrosif (2 grammes); puis on bouche hermétiquement le tube avec un bouchon de liège que l'on plonge ensuite dans du goudron préparé pour cacheter les bouteilles.

CATALOGUE
DES COLÉOPTÈRES DES HAUTES-ALPES.

Premier Cahier.

Ce Catalogue a été augmenté des précieux renseignements que m'ont fournis sur la faune entomologique du département des Hautes-Alpes, MM. Gacogne de Lyon, dr Ad. Roubaud de Gap, Reine d'Embrun, Liotard de Briançon. Qu'ils reçoivent ici l'hommage de ma profonde gratitude. — Je dois aussi des remerciements à M. An. Boïeldieu, pour la bienveillance avec laquelle il m'a aidé jusqu'à présent dans l'étude difficile des Microcoléoptères.

J'ai adopté en partie, pour la classification de la famille des Carabiques, la *Faune entomologique française* de MM. Léon Fairmaire et Dr A. Laboulbène, ouvrage très-remarquable qui est en cours de publication. — Cet ouvrage mentionne dans les Alpes plusieurs espèces que je n'y ai pas encore trouvées; je les ai fait figurer dans ce catalogue, en citant toujours la source à laquelle j'ai puisé ces indications.

J'ai intercallé dans ce Catalogue plusieurs insectes trouvés dans la partie des Basses-Alpes qui touche à notre département, dans la prévision qu'on les découvrira dans les localités des Hautes-Alpes qui n'ont pas encore été explorées.

Les espèces précédées d'une astérisque (*) ne font pas partie de ma collection.

Abréviations : T-R, *signifie* très-rare; — R, rare; — A-R, assez rare; — A-C, assez commun; — C, commun; — T-C, très-commun. — Le point d'interrogation (?) indique le doute, l'incertitude; le point d'exclamation (!) garantit l'authenticité d'une localité, d'un nom, etc.; — ?? signifie que l'insecte a été probablement ou mal dénommé, ou indiqué par erreur dans le département. — ± désigne une espèce *bonne pour échange* avec les entomologistes du midi; ∓, avec ceux du nord.

Première famille. — Cicindelètes.

Cicindela campestris *Lin*. — 12-14 *millim*. T-C. Partout.
    α. auronitens. — R. Bords du Buëch sous Rabou, coteau de St-Mens.
        près Gap, Mt-Dauphin.
    * β. connata *Heer*. — Alpes (MM. Fairmaire et Laboulbène).
    riparia *Dej*. — 14-16 *mm*. T-C. Lieux sablonneux et bord des cours
        d'eau.
    sylvicola *Dej*. ±♀. 14-16 *mm*. Clairières et sentiers arides des forêts :
        montagne de Chalvet près Embrun (M. Reine).
    chloris *Dej*. — ±♀. 14-16 *mm*. T-R. Pelouses alpines , dans le voi-
        sinage des neiges : au-dessus des forêts de Durbon (M. Ad. Rou-
        baud); sommité de Charance au-dessus du château (id.) ; — au-
        tour du lac Morgon, col Isoard, vallée supérieure de Névache.
    lugdunensis *Dej*. — ♀. 8-10 *mm*. A-C. Cours inférieur de la Durance
        depuis Embrun, et du Buëch depuis la Roche-des-Arnauds.
    germanica *Lin*. — 10-12 *mm*. Dans les champs et les jardins ; elle
        vole rarement : environs d'Embrun (M. Reine).

Deuxième famille. — Carabiques.

Première tribu. — Elaphrides.

Elaphrus uliginosus *Fab*. — 8 *mm*. C. juin. Bords des marais de Bayard,
    sur la vase. (1)

---

(1) Bayard, à 9 kilomètres nord-est de Gap, à 1248 mètres au-dessus du niveau de la mer (M. Gueymard), est traversé par la route impériale n° 85. Il faut environ 2 heures pour gravir cette montagne ; mais cette course n'en est pas moins assez pénible à cause du peu d'ombrage qu'on rencontre sur la route. Le climat y est assez rigoureux.

C'est pour l'entomologie, l'une des meilleures localités des environs de Gap ; le plateau de Bayard est couvert au printemps et jusqu'à la fin de juin, de marais qui s'étendent sur une assez grande surface et dont les bords sont peuplés de bonnes espèces de Carabiques, d'Hydrocanthares et de Palpicornes. — Les pelouses de Bayard , qu'on dit avoir été très-riches en végétation, tendent de jour en jour à s'appauvrir par suite de l'abus du pâturage.

Le vallon de Glaise et Bayardon dominent le plateau de Bayard; on y jouit de tout le panorama de la magnifique vallée du Champsaur.

Bayard et Bayardon, à cause de leur proximité de Gap, sont souvent visités par les botanistes. Entre autres bonnes plantes, on peut récolter dans cette course :

A Bayard : *Anemone pulsatilla*, *Carex Buxbaumii*, *Danthonia provincialis*, *Viola arenaria* et *Viola pumila* ;

Dans le vallon de Glaise : *Anemone Halleri*, *Arthemisia chamæmelifolia*, *Campanula Allionii*, *Erysimum australe*, *Hypericum hyssopifolium*, *Ligusticum ferulaceum*, *Primula vitaliana*, *Rhaponticum heleniifolium*, *Scabiosa graminifolia* ;

A Bayardon : *Avena sempervirens*, *Centaurea uniflora*, *Centaurea seusana*, *Eryngium spina-alba*, *Fritillaria Meleagris*, *Gagea fistulosa*, *Plantago victorialis*, *Ranunculus Seguieri*.

β. pyrenæus *Motch.* — A-C. juin. Mêmes lieux que l'*E. uliginosus.*
riparius *Lin.* — 7 *mm.* T-C.   Bord des ruisseaux.

NOTIOPHILUS semipunctatus *Fab.* — 5 *mm.* C. Idem,   sous les détritus.
  * aquaticus ? *Lin.* — 4 *mm.* Sables de la Durance (M. Reine).

OMOPHRON limbatum *Fab.* — 6 *mm.* R. Bords de la Durance : Barcilonnette.

NEBRIA picicornis *Fab.* — 15-16 *mm.* C. Bords de la Durance, sous les pierres, à Embrun (M. Reine) ; — à Remollon, à la Saulce.
  * Jockischii *Sturm.* — ♇. 14-16 *mm.* R. Bords de la Romanche sous
    Villard-d'Arènes (M. Gacogne) ; — bords de la Clarée au-dessus
    de Névache ; — bords du Gy en Vallouise (M. Liotard).
  brevicollis *Fab.* A-R. — 12-14 *mm.* Lieux ombragés, sous les détritus :
    forêt du Devez, bois Saint-Laurent ; — Embrunais (M. Reine).
  nivalis *Payk.* — ± ♇. 10-12 *mm.* A-C. Bords de la Guisanne près
    du pont de Briançon (M. Gacogne) ; — bords du Guil.
  * β arctica *Dej.* — Alpes (Faune fr).
  castanea *Bon.* A-R. — ± ♇. 9-11 *mm.* Lieux ombragés, sous les dé-
    tritus ou sous les pierres : forêt de Boscodon ; Mont-Genèvre ; Val-
    louise ; — bords du lac du mont St-Guillaume (M. Reine).
  * laticollis *Dej.* — ± ♇. 8-10 *mm.* R. Col du Lautaret, près des nei-
    ges (M. Gacogne) ; — prairie du mont Vizo.
  angusticollis *Bon.* —A-C. Autour des neiges du Pelvoux (M. Gacogne).

LEISTUS spinibarbis *Fab.* —8-9 *mm.* R. Sous les mousses et les détritus :
  forêt du Devez ; — forêt de Durbon (M. Bernard).
  * spinilabris *Fab.* — 7-8 *mm.* Environs d'Embrun (M. Reine).

Deuxième tribu. — Simplicipèdes.

CALOSOMA sycophanta *Lin.* — 24-28 *mm.* C. Certaines années, en plaine
  ou sur les coteaux, sur les chênes ou sur les saules : Serres, Gap,
  Embrun, mont Dauphin, etc.

PROCRUSTES coriaceus *Fab.* — 30-36 *mm.* C. Sous les pierres, dans les bois,
  les champs, les jardins, les vignes, seulement en plaine : Gap,
  Ventavon, Remollon, Embrun, etc.

CARABUS catenulatus *Fab.* — 24-26 *mm.* R. Col du mont Genèvre ; bois au-
  dessus de Briançon ; vallée supérieure de Rabou ; Saint-Bonnet ;
  — forêt de Boscodon (M. Reine) ; — Val-des-Prés.
  purpurascens *Fab.* —26-28 *mm.* A-C. Les lieux boisés et les champs,
    surtout en plaine : Gap, Embrun, etc. ; — Briançonnais.
  convexus *Fab.* — 15-17 *mm.* C. Sous les pierres ou sous les mousses :
    Bayard, dans les prairies qui bordent la route impériale ; forêt du
    Devez ; Saint-Bonnet ; forêts de Morgon et de Boscodon ; — mon-
    tagne de Chalvet (M. Reine) ; — forêt de la Sapée (M. Liotard).
  nemoralis *Illig.* — 20-22 *mm.* A-R. Bois Mondet et forêt du Devez,
    sous les mousses.
  monticola *Dej.* — 20-22 *mm.* Basses-Alpes.
  alpinus *Bon.* — ± ♇. 18-22 *mm.* R. Juillet-août. Sous les pierres : 1°
    prairie du mont Vizo ; 2° autour de la source dite *Fontaine des*
    Piémontais, non loin de Fontgillarde, et depuis cette source jus-

qu'au col de l'Agnel (M. Jayet); — vallée de Vallouise en montant à l'Echauda.

gemmatus *Fab.* — ±⚲. 24-27 *mm.* R. Forêts, au pied des arbres : environs de Briançon (M. Gacogne); — forêt des Freaux près la Grave; — le Bec-de-lièvre dans la vallée de l'Arche (Basses-Alpes).

vagans *Oliv.* — ⚲. 22-24 *mm.* A-R. Montagnes et coteaux boisés du midi : Rosans, Orpierre, Ribiers, Laragne, Lazer.

monilis *Fab.* — 22-26 *mm.* R. Environs de Gap; — Embrun.

cancellatus *Illig.* — 22-24 *mm.* A-C. Partout, dans les champs.

granulatus *Lin.* — 18-21 *mm.* A-R. Mai-juin. Prairies marécageuses des montagnes, sous les pierres : Bayard.

clathratus *Lin.* — ⚲. 24-26 *mm.* T-R. Mai. Prairies marécageuses de Bayard (M. Gabillot); — prairies marécageuses de la propriété Pascal derrière Puy-Maure près Gap.

auratus *Lin.* — 22-24 *mm.* T-C. Partout.

* β. Honoratii *Dej.* — Basses-Alpes.

*Solieri *Dej.* — ±⚲. 24-28 *mm.* T-R. Forêt de Boscodon, sous les pierres ou sous les mousses, au bord du chemin qui conduit à la *Fontaine de l'Ours* (MM. Roujon et Reine). C'est le plus beau Carabe de nos Alpes. — Forêt de Faillefeu (Basses-Alpes) (1).

* auronitens *Fab.* — ±. 22-24 *mm.* R. Forêts les plus élevées de la vallée de Cervières (M. Liotard).

cyaneus *Fab.* — ±. 26-30 *mm.* Montagne de Chalvet (M. Reine).

depressus *Bon.* — ±⚲. 20-22 *mm.* T-R. Autour de la Fontaine des Piémontais, près Fontgillarde (M. Ebrin); — Névache (M. Gacogne). — L'espèce trouvée à la Fontaine des Piémontais me paraît être la variété *Peirolerii Jan.*

Cychrus rostratus *Lin.* — ±. 16-18 *mm.* A-R. Parties ombragées et humides des bois, sous la mousse ou les détritus : Morgon, Boscodon; très-rare dans la forêt du Devez (2).

Troisième tribu. — Troncatipennes.

Cymindis humeralis *Fab.* — 9 *mm.* A-C. Col du mont Genèvre (M. Gacogne); — Bayard; — montagne de Chalvet près Embrun (M. Reine).

β. Dianæ *Dahl.* — ±⚲. 8 *mm.* A-R. Pelouses autour du lac Morgon.

homagrica *Duft.* — 9 *mm.* A-C. Coteaux exposés au midi : Romette, Saint-Mens, environs d'Embrun, Ribiers, Orpierre. — (Les *Cy-*

---

(1) La Forêt de Faillefeu est à 30 ou 35 kilomètres nord-est de Digne. Le chemin qui y conduit suit la route de Seynes jusqu'à la Javie, puis le lit de la Bléonne jusqu'au misérable village du Prats. Là, on prend un chemin péniblement tracé sur le flanc d'une montagne en éboulis, et, en une heure et demie, après avoir traversé le pauvre hameau de Terciers, on arrive à Faillefeu. Cette forêt est très-riche en insectes.

(2) La Forêt du Devez occupe la partie inférieure du versant septentrional de la montagne de Charance. Elle est située à 9 kilomètres de Gap, sur la droite du chemin qui conduit au village de Rabou qu'elle domine; la forêt seule, qui est formée de pins et de sapins, offre, vers le mois de juin, quelques ressources à l'entomologiste; pour peu qu'il s'en écarte, il tombe dans un désert où les troupeaux ont tout détruit.

mindis vivent sous les pierres; la plupart sont propres aux pays de montagnes.)

coadunata *Dej.* — ⚥. 8 *mm*. A-C. Col du mont Genèvre (M. Gacogne); — Monêtier-de-Briançon; — montagne de Chalvet (M. Reine).

* melanocephala *Dej.* — ⚥. 8 *mm* R. Mont Genèvre (M. Gacogne).

lineata *Schonh.* — 7 *mm*. A-C. Collines arides au-dessus de la Saulce.

* axillaris *Fab.* — A-C. Col du mont Genèvre (M. Gacogne); — Cervières (M. Liotard).

punctata *Dej.* — 7 *mm*. R. Col du Lautaret, autour de l'hospice (1).

* hybrida *Lasserre.* — A-R. Col du mont Genèvre (M. Gacogne).

DEMETRIAS atricapillus *Lin.* — 5-6 *mm*. A-R. Broussailles dans le voisinage des marais, et aussi sur les joncs et dans les détritus humides : marais de Pelleautier; Chorges; — environs d'Embrun (M. Reine).

elongatulus *Duft.* — 5 *mm*. Environs d'Embrun (M. Reine).

DROMIUS quadrinotatus *Duft.* — 4 *mm*. C. Environs de Gap. (Les *Dromius* vivent dans les lieux humides, sous les pierres, sous les écorces, sous la mousse ou au pied des arbres; printemps.)

quadrimaculatus *Lin.* — 5 *mm*. A-R. Midi du département; — mont St-Privas (M. Reine).

* fenestratus *Dej.* — 5-6 *mm*. Alpes (M. Fairmaire).

punctatellus *Dej.* — 3 *mm*. A-R. Environs de Gap.

glabratus *Duft.* — 3 *mm*. T-C.   Idem.   et d'Embrun.

* quadrillum *Duft.* — 4 *mm*. Alpes (M. Fairmaire); — Briançon (M. Liotard).

LEBIA cyanocephala *Lin.* — ⚥. 6-8 *mm*. A-C. Sous les écorces ou sous les

---

(1) Le LAUTARET, à 2098 mètres au-dessus du niveau de la mer, à 20 kilomètres nord-ouest de Briançon, est un des plus jolis cols qui existent dans toute l'étendue de la chaine des hautes Alpes. Il a environ 5 kilomètres de longueur et forme le point culminant des vallées de la Romanche et de la Guisanne. La route impériale n° 91, de Grenoble à Briançon, traverse le Lautaret dans toute sa longueur.

Le col est assis sur des schistes argilocalcaires; au bord de la route s'élève l'hospice de Loche, misérable auberge, cabane en ruine, tout au plus bonne pour abriter le voyageur en détresse dans les tourmentes de l'hiver.

J'ai dit quelque part que le Lautaret, malgré la richesse de ses prairies, qui a été célébrée dans maints ouvrages, et qui lui vaut chaque année la visite de nombreux botanistes, est pauvre en insectes. Cependant, j'ai capturé, en 1850, quelques bonnes espèces dans les prairies qui s'étendent autour de l'hospice, — le long du ruisseau qui descend du col du Galibier, — et dans la partie basse du col, sur le bord des sources de la Romanche.

Le Galibier est situé derrière la montagne du Lautaret et la domine; il est couvert de glaces pendant la plus grande partie de l'année. Du haut du Galibier, le touriste jouit d'une vue magnifique, et pour n'énumérer que les sommets les plus connus, en faisant face au Piémont, à sa droite il aperçoit le mont Vizo avec ses glaciers, ensuite le mont Bouchier qui domine Cervières; en se dirigeant vers la gauche et en se rapprochant du Galibier, le mont Chaberton, qui est le pic le plus élevé du massif du mont Genèvre; plus à gauche encore se voit le mont Thabor, situé sur les confins du Piémont, de la Savoie et de la France; puis, tout à fait à gauche du Galibier, les Trois-Juliens, et dans le fond le mont Blanc; enfin, faisant face à la prairie du Lautaret, à laquelle d'abord il tournait le dos, l'observateur a devant lui le mont Pelvoux.

(44)

mousses, rarement sous les débris végétaux, au printemps : Gap,
    Charance, Embrun, etc. ; — montagne de St-André (M. Reine).
* rufipes *Dej*. — ⚥. 5-6 *mm*. Montagne des Crottes (M. Reine).
crux-minor *Lin*. — 5-6 *mm*, A-C. Coteaux exposés au soleil, au prin-
    temps, sous les pierres, quelquefois sur les plantes : Lazer, Tal-
    lard, Charance, Romette, Chorges, Embrun, etc.
β. nigripes *Dej*. — A-R.   Idem.
* cyathigera *Rossi*. — 5-6 *mm*. Montagne de Chalvet? (M. Reine).
* hæmorrhoïdalis? *Fab*. — 4 *mm*. Environs d'Embrun (M. Reine).
BRACHINUS (1) psophia *Dej*. — ⚥. 7-9 *mm*. C. Lieux abrités et exposés au
    soleil, sous les pierres et les détritus : Ventavon, Orpierre, Gap.
crepitans *Lin*. — 8-10 *mm*. T-C. Partout.
explodens *Duft*. — 6 *mm*. A-R.   Idem.
exhalans *Rossi*. — ⚥. 5-6 *mm*. A-R. Coteaux méridionaux : Ribiers
    (M. Bernard); — Berthaud, Charance, Romette, etc.
* APTINUS alpinus *Dej*. — ±⚥. 9-11 *mm*. R. Parties ombragées et humides
    des forêts, sous la mousse et sous les pierres : Morgon, Boscodon,
    forêt de Savines!! (M. Reine.)

Quatrième tribu. — Bipartites.

CLIVINA fossor *Lin*. — 6-7 *mm*. T-C. Partout ; au bord des eaux.
β. sanguinea *Leach*. — A-R. Bords de la Luye près Gap.

DYSCHIRIUS globosus *Herbst*. — 3 *mm*. A-C. Bord des eaux : environs de
    Gap, Embrun, etc.

DITOMUS calydonius *Fab*. — ⚥. 16-18 *mm*. Mâle T-R.; femelle R. Lieux
    sablonneux exposés au soleil, sous les pierres, quelquefois au pied
    des arbres : Ribiers (M. Bernard); — Lazer; environs de Gap (2).
β. fulvus. — T-R. Belle variété, d'un jaune testacé quoique adulte,
    trouvée au pied de Puy-Maure près Gap.
dama ?? *Rossi*. — 8-10 *mm*. Forêt de Boscodon (M. Reine).
fulvipes *Dej*. — 9-11 *mm*. A-C. Mai-juin. Lieux bien exposés, sur les
    graminées, quelquefois sous les pierres : Gap, Berthaud, Orpierre;
    — Embrun, forêt de Savines (M. Reine).

ARISTUS capito *Dej*. — ⚥. 12-14 *mm*. A-R. Bord des routes, sous les pierres,
    ou dans les prairies, sur les graminées : Gap, Embrun, etc.
sphærocephalus *Oliv*. — ⚥. 8-10 *mm*. A-R. Sous les pierres ou sous
    les graminées, dans les champs : la Saulce, Gap, Embrun, etc.

---

(1) Ces insectes vivent presque toujours en sociétés composées de plusieurs individus.
Quand on les inquiète ou quand ils se voient menacés, ils lancent par l'anus une vapeur
blanchâtre, phosphorescente la nuit. Cette vapeur produit une petite détonation et laisse,
après elle, une odeur alcaline assez forte; elle rougit la peau, quand elle atteint les doigts.

(2) Cet insecte se creuse dans la terre des trous assez profonds, et s'y tient presque continuellement caché. Le mâle (♂) est remarquable par le singulier prolongement antérieur de
l'épistôme qui forme une corne échancrée, et par la grande dimension des mandibules re-
courbées en demi cercle vers cette corne.

Cinquième tribu. — Patellimanes.

PANAGÆUS crux-major *Lin*. — 8-10 *mm*. Montagne de Chalvet (M. Reine).

LORICERA pilicornis *Fab*. — ±. 7-9 *mm*. R. Montagnes, au bord des cours d'eau et des marécages : col du mont Genèvre, sous les pierres (M. Gacogne) ; — Bayard ; — environs d'Embrun (M. Reine).

CALLISTUS lunatus *Fab*. — 6-7 *mm*. A-C. Lieux arides, sous les pierres et les débris végétaux : Gapençais et Embrunais.

CHLÆNIUS vestitus *Fab*. — 9-11 *mm*. A-C. Bord des torrents et des rivières, sous les pierres : torrent de Bonne près Gap ; torrent de Rosine près Tallard ; la Durance à Embrun.

velutinus *Duft*. — 15-17 *mm*. A-R. Gapençais, Embrunais.

* Schrankii *Duft*. — 12-14 *mm*. Midi du département (M. Bernard).

nigricornis *Fab*. — 9-11 *mm*. A-C. Bord des marais de Bayard.

β. melanocornis *Dej*. A-R.   Idem.

tibialis *Dej*. — 10-12 *mm*. C. Partout : Gapençais, Embrunais.

holosericeus *Fab*. — 11-12 *mm*. Montagne des Crottes (M. Reine).

sulcicollis *Payk*. — 12-14 *mm*. R. Bord des eaux, sous les pierres, les détritus : marais de Bayard.

LICINUS silphoides *Fab*. — 13-15 *mm*. A-C. Endroits secs et arides ; terrains calcaires et complantés en vignes : Lazer, Berthaud près Ventavon.

*depressus *Payk*. — 10-11 *mm*. Alpes (M. Fairmaire) ; — environs d'Embrun (M. Reine).

*Hoffmannseggii *Panz*. — ±∓. 11-13 *mm*. Idem.   — Forêt de Boscodon (M. Reine).

oblongus *Dej*. — 11 *mm*. Forêt de Boscodon (M. Reine) ; — Basses-Alp.

BADISTER bipustulatus *Fab*. — 6-7 *mm*. C. Lieux humides, sous les pierres, les détritus : Gapençais, Embrunais.

*peltatus *Panz*. — 5-6 *mm*. Alpes (M. Fairmaire).

Sixième tribu. — Simplicimanes.

DOLICHUS flavicornis *Fab*. — ∓. 14-18 *mm*. T-R. Quelquefois au pied des arbres ou sous les pierres ; plus ordinairement sur les troncs des peupliers : environs de Gap.

PRISTONYCHUS terricola *Herbst*. — 15-17 *mm*. C. Caves et rez-de-chaussée ; champs, sous les pierres : Gapençais, Embrunais.

*angustatus *Dej*. — ∓. 14-16 *mm*. Basses-Alpes.

* chalybeus *Dej*. — 21-23 *mm*. Idem.

CALATHUS latus *Lin*. — 12-14 *mm*. A-C. Partout, sous les pierres.

* β. frigidus *Fab*. — R. Mont Genèvre, autour de l'Hospice (M. Gacogne).

fuscus *Fab*. — 10-12 *mm*. Environs d'Embrun (M. Reine).

melanocephalus *Lin*. — 8 *mm*. C. Coteaux secs : Gapençais, Embrunais.

alpinus *Dej*. — ∓. 7 *mm*. R. Pelouses alpines, sous les pierres : autour du lac Morgon ; pelouses au-dessus de Durbon ; col Isoard.

SPHODRUS planus *Dej*. — 22-25 *mm*. A-C. Caves et rez-de-chaussée humides et sombres : Laragne, Gap, Embrun, etc.

ANCHOMENUS angusticollis *Fab*. — 10-12 *mm*. A-C. Bord des eaux, sous les

pierres ; rarement les bois, sous la mousse : bords du lac Morgon ; forêt de Savines ; bords du Gy en Vallouise.

prasinus *Thunb.* — 8 *mm.* T-C. Partout. Comme les *Brachinus*, l'*A.
prasinus* vit par nombreuses familles sous les pierres, dans les
lieux humides ou au bord des eaux.

pallipes *Fab.* A-R. — 7 *mm.* Bord des eaux courantes, sous les pierres :
Gapençais ; — environs d'Embrun (M. Reine).

Agonum sexpunctatum *Lin.* — 8-10 *mm.* C. Prairies marécageuses : Bayard.
marginatum *Lin.* — 9-10 *mm.* T-C. Partout, au bord des eaux.
modestum *Sturm.* — 9-10 *mm.* A-C.   Idem.
parumpunctatum *Fab.* — 8-9 *mm.* C.   Idem.
lugubre *Dej.* — ±. 9-10 *mm.* A-R. Mai-juin. Prairies marécageuses des
montagnes ; bord des étangs : Bayard.
pelidnum *Paykul.* — ±. 8-9 *mm.* A-C.   Idem.
* subæneum *Dej.* — Alpes (M. Fairmaire).

Poecilus cupreus *Lin.* — 10-12 *mm.* T-C. Partout.
* gressorius *Dej.* — ±⊤. 12-14 *mm.* Basses-Alpes.
lepidus *Fab.* — 13-14 *mm.* A-R. Montagnes : Embrunais.
viaticus *Dej.* — 14-15 *mm.* C. Partout, en plaine surtout.

Argutor vernalis *Fab.* — 8 *mm.* A-C. Printemps. Lieux secs, sous les pierres et les débris végétaux : Gapençais ; — Briançon.
eruditus *Dej.* — ±. 7 *mm.* A-R. Bois, sous les pierres et les feuilles
sèches : Gapençais.
strenuus *Illig.* — ±. 6 *mm.* A-C. Coteaux aux environs de Gap.

Omaseus melanarius *Illig.* — 16-18 *m m.* T-C. Partout, surtout en plaine.
nigritus *Fab.* — 12-13 *mm.* A-R. Parties ombragées et humides des forêts, sous les pierres ou sous les mousses : Devez, Mondet, Morgon ; — Boscodon (M. Reine) ; — forêt de Montmaur (M. Bernard).
anthracinus *Illig.* — ⊤. 10-11 *mm.* A-R. Forêts du Devez, de Boscodon.
minor *Gyll.* — ±. 7-8 *mm.* A-R. Bords desséchés des marais de Bayard.

Steropus madidus *Fab.* — 14-16 *mm.* A-C. Devez, Morgon, Boscodon, etc.

Platysma maura *Duft.* — ±⊤. 10 *mm.* R. Forêts, sous les feuilles tombées :
Briançon (M. Gacogne) ; — col du Lautaret, sous les pierres (M.
Gacogne) ; — forêt du Playne, près Chaudun.
oblongopunctata *Fab.* — ±. 12 *mm.* Forêt de Boscodon (M. Reine).
picimana *Duft.* — ±. 14 *mm.* A-R. Lieux frais de la plaine, sous les
pierres et les débris végétaux : Tallard, Gap, Embrun, Boscodon.

Pterostichus niger *Fab.* — 18-20 *mm.* C. Partout.
parumpunctatus *Dej.* — 14-16 *mm.* A-R. Forêt de Durbon ; bois du
Devez ; forêts de Morgon et de Boscodon.
(Tous ces insectes vivent sous les pierres, dans les lieux très-
ombragés, et le plus souvent dans le voisinage des fourmilières)
* Honoratii *Dej.* — ⊤. 15-17 *mm.* Forêt de Savines (M. Reine).
* vagepunctatus *Bon.* — ±⊤. 14-16 *mm.* R. Hautes-Alpes (M. Cl. Rey) ;
— Queyras, dans les bois ; forêt du Val-des-Prés (M. Liotard).
* femoratus *Dej.* — ±. Alpes (M. Fairmaire) ; — Boscodon (M. Reine).
* rufipes *Dej.* — R. Col du Lautaret (M. Gacogne).

* trunctatus *Dej*. — ±∓. 14-15 *mm*. R. Forêt de Savines (M. Reine).

Prevostii *Dej*. — ±∓. 15-17 *mm*. R. Forêt de Durbon, forêt du Devez, forêt du Playne près Chaudun.

externepunctatus *Dej*. — ±∓. 13-15 *mm*. R. Forêt du Devez. — A-C. Forêts de Morgon, de Boscodon (1); — Briançon (M. Gacogne).

multipunctatus *Dej*. — 13-14 *mm*. A-R. Briançon (M. Gacogne); — Cervières (M. Liotard); — forêt de Savines (M. Reine).

Yvanii *Dej*. — ±∓. 11-13 *mm*. A-C. Forêts de Morgon et de Boscodon.

metallicus *Fab*. — ±. 13-15 *mm*. A-R. Durbon, Devez, le Playne, Morgon, Boscodon; — bois au-dessus de Briançon (M. Gacogne).

Abax striola *Fab*. — 18-20 *mm*. A-C. Bois montagneux et humides, sous les pierres, les mousses ou les feuilles : Durbon, Devez, Morgon, etc.

ovalis *Duft*. — ±. 13-14 *mm*. R. 　　　　　　　　　　Idem.

* oblongus *Dej*. — 17-18 *mm*. Alpes (M. Fairmaire).

Molops terricola *Fab*. — ±. 12-14 *mm*. A.-R. Bois montagneux, sous les pierres : Durbon, Morgon, Boscodon.

Amara ingenua *Creutz*. — ∓. 10-12 *mm*. A-R. Lieux secs ou sablonneux, sous les pierres : environs de Gap, d'Embrun.

β. ruficornis *Dej*. — A-C. 　　　　　　　　Idem.

bifrons *Gyll*. — 6-7 *mm*. A-C. 　　　　Idem, 　　　　　et d'Embrun.

montana *Dej*. — ∓. 7-8 *mm*. Basses-Alpes.

plebeja *Gyll*. — 7-8 *mm*. A-R. Gapençais.

similata *Gyll*. — 9-10 *mm*. R. 　Idem; 　　　　pas dans l'Embrunais.

obsoleta *Duft*. — 10 *mm* R. Coteaux exposés au midi, environs de Gap.

acuminata *Payk*. — 10-12 *mm*. Environs d'Embrun (M. Reine).

trivialis *Gyll*. — 7-8 *mm*. C. 　　Partout.

familiaris *Duft*. — 7-8 *mm*. A-C. Idem.

* consularis *Duft*. — 8-9 *mm*. Midi du département (M. Bernard).

apricaria *Payk*. — 7-8 *mm*. Environs d'Embrun (M. Reine).

aulica *Dej*. — 12-14 *mm*. A-C. Prés, sous les pierres, autour de Briançon (M. Gacogne); — R. Parties arides de Bayard.

spinipes *Lin*. — ±∓. 13-14 *mm*. Aujour au-dessus de Berthaud (1).

---

(1) Morgon est situé sur la commune des Crottes. Le pied de cette montagne est à 5 kilomètres sud-ouest d'Embrun; son ascension exige au moins trois heures d'une marche pénible. La forêt occupe la partie moyenne du versant septentrional; elle est peu explorée pour ses espèces végétales; mais, en revanche, elle est assez riche en insectes.

Le point culminant qui est à plus de 2,000 mètres au-dessus du niveau de la mer, forme une pelouse assez vaste, au milieu de laquelle se trouve un lac, dont les bords abondent en petits Carabiques et en Hydrocanthares.

De Morgon, on peut redescendre sur Boscodon, en traversant des bancs de rochers fort élevés, situés sur le versant oriental de la montagne, un peu au-dessus du lac.

La forêt domaniale de Boscodon est formée de sapins et d'épicéa. Au lieu dit *Clot-Joubert*, le botaniste peut récolter, entre autres bonnes plantes, l'*Astragalus alopecuroides*.

Au milieu de cette forêt existe une vaste éclaircie, couverte d'une magnifique végétation, et une source abondante et intarissable, nommée *Fontaine de l'Ours*. Il y a autour de cette source et dans les bois inférieurs, de bons insectes à chasser.

Cette forêt appartenait à une abbaye fondée au 12e siècle et supprimée en 1763.

eximia *Dej.* — ⚥. 7-8 *mm*. A-R. Printemps ; coteaux arides, sous les
    pierres, souvent au pied des haies : Laragne, Orpierre, Lazer.
Et quelques autres espèces non encore dénommées.

BROSCUS cephalotes *Lin.* — 20-22 *mm*. A-C. Bords de la Durance, à Embrun ;
    sous les pierres et dans le sable ; rarement les champs riverains.

STOMIS pumicatus *Panz.* — 7 *mm*. A-R. Lieux humides ; bord des ruisseaux,
    des marais : La Roche, Gap ; — bords de la Durance (M. Reine).

ZABRUS piger *Dej.* — ⚥. 13 *mm*. R. Lieux sablonneux, sous les pierres :
    Gap, au Champ-de-Mars.

    gibbus *Fab.* — 15 *mm*. Gap (M. Roubaud); — Embrun (M. Reine).

Septième tribu. — Quadrimanes.

ACINOPUS tenebrioides *Duft.* — ⚥. 13-16 *mm*. A-R. Coteaux calcaires : Ber-
    thaud, les Eissanières près Gap ; — Chalvet (M. Reine).

ANISODACTYLUS binotatus *Fab.* — 11-12 *mm*. C. Partout, au printemps.
    * nemorivagus *Duft.* — Alpes (M. Fairmaire) ; — Névache (M. Liotard).

DIACHROMUS germanus *Lin.* — 9-10 *mm*. T-C. Partout.

* OPHONUS obscurus *Fab.* — ⚥. 13-14 *mm*. Alpes (M. Fairmaire).
    columbinus *Germ.* — ⚥. 14-16 *mm*. T-C. Partout, dans les lieux secs.
    subcordatus *Dej.* — ⚥. 8-9 *mm*. Coteaux secs : Ventavon, Gap, Em-
    brun, etc.; pas dans le Briançonnais.

HARPALUS ruficornis *Fab.* — 14-16 *mm*. T-C. Partout.
    griseus *Panz.* — 12-13 *mm*. C.   Idem.
    * punctipennis *Muls.* — ±⚥. 10-11 *mm*. Forêt de Faillefeu.
    æneus *Fab.* — 10-11 *mm*. T-C. Partout.
    rubripes *Duft.* — 9-10 *mm*. Gapençais, seulement en plaine.
    distinguendus *Duft.* — 10-11 *mm*. A-R. Lieux humides : Bayard.
    honestus *Duft.* — 9-10 *mm*. A-C. Gap, Embrun.
    * pygmæus *Dej.* — 6 *mm*. Alpes (M. Fairmaire).
    lævicollis *Duft.* — 8 *mm*. R. Forêt du Playne; — Briançon (M. Liotard).
    melancholicus *Dej.* — ±. 10-12 *mm*. A-R. Lieux humides ou ombra-
    gés : bords des marais de Bayard; lac de Séguré près Embrun.
    semiviolaceus *Dej.* — 12-14 *mm*. T-C. Partout, dans les lieux secs.
    serripes *Quensel.* — 9-11 *mm*. Midi du département (M. Bernard).
    Et quelques autres espèces non encore classées.

---

(1) AUJOUR (Montagne d'), au nord-est et au-dessus de la ferme-Ecole de Berthaud; commune de Ventavon; son ascension exige trois à quatre heures.

De toutes les courses que j'ai faites dans la partie méridionale du département, la plus
malheureuse en résultats a été sans contredit celle d'Aujour (juillet 1853), en dépit des belles
espérances que m'avait fait concevoir en partant l'aspect de cette montagne. — La forêt de
Beaujeau, au pied d'Aujour, aurait méritée d'être explorée avec soin; faute de temps, je ne
fis que la traverser.

Fin du premier cahier du Catalogue.

Gap. — Imprimerie DELAPLACE.

GAP. — Imprimerie DELAPLACE.